平顶山学院博士科研启动基金项目 PXY-BSQD-2022006

基于超材料的声波调控与应用研究

姬文倩　著

吉林大学出版社

·长春·

图书在版编目(CIP)数据

基于超材料的声波调控与应用研究 / 姬文倩著 .—
长春 ： 吉林大学出版社， 2023.3
ISBN 978-7-5768-1536-8

Ⅰ. ①基… Ⅱ. ①姬… Ⅲ. ①声学材料—研究 Ⅳ.
① TB34

中国国家版本馆 CIP 数据核字 (2023) 第 045184 号

书　　名：基于超材料的声波调控与应用研究
JIYU CHAOCAILIAO DE SHENGBO TIAOKONG YU YINGYONG YANJIU

作　　者：姬文倩
策划编辑：邵宇彤
责任编辑：田茂生
责任校对：单海霞
装帧设计：优盛文化
出版发行：吉林大学出版社
社　　址：长春市人民大街 4059 号
邮政编码：130021
发行电话：0431-89580028/29/21
网　　址：http://www.jlup.com.cn
电子邮箱：jldxcbs@sina.com
印　　刷：三河市华晨印务有限公司
成品尺寸：145mm×210mm　　32 开
印　　张：8
字　　数：200 千字
版　　次：2023 年 3 月第 1 版
印　　次：2023 年 3 月第 1 次
书　　号：ISBN 978-7-5768-1536-8
定　　价：58.00 元

前言

超材料因具有天然材料不具备的超常物理性质，成为近年来科学研究领域的热点之一。变换声学理论和高度各向异性的声学超材料相结合，可以精确控制声场的变形，从而实现声隐身。人们进一步提出了一种超薄的平面型超材料，即超表面。超表面的应用大大降低了声学器件的厚度，并且产生了许多奇特的物理现象和功能器件，例如异常反射 / 折射、平面聚焦、全息、声吸收以及声涡旋。另外，有源声学超材料利用外部激励增强材料增益特性，并推动了用于声波处理的动态可重构、损耗补偿和宇称时间对称（PT 对称）材料的发展。本书针对声学超材料和超表面中声波的传播进行了理论和实验研究。

第 1 章主要介绍了超材料、超表面以及宇称时间对称声学，并概述了本书的主要研究内容。

第 2 章基于理论和数据研究了在零折射率超材料波导中嵌入矩形缺陷的声传输。迷宫型超材料在一定频率范围内有效质量密度和体模量倒数同时接近零，因此可被视作一种零折射率超材料。解析结果和数值模拟表明，通过调整矩形缺陷的声学参数，迷宫型超材料波导的传输幅度可

以覆盖整个 [0，1]，从而产生全透射、全反射、部分透射和声隐身等现象。本章研究了零折射率超材料对声透射的调控机理，拓展了超材料对声场的调控手段，此成果有利于实现功能奇特的新原理声学开关，有着丰富的学术意义和广泛的应用前景。

第 3 章研究了一种由周期性 PT 对称零折射率超材料组成的声波导。解析推导和数值模拟一致表明，该波导系统可以实现丰富多样的异常散射效应，例如在 Exceptional 点处产生单向透明现象。在奇点处，系统工作于声相干完美吸收－激光模式，它能够完美地吸收特定的相干入射波，同时在其他入射时发射极强的相干波。此外，还观察到由法布里－珀罗共振或平衡的耗散/增益引起的双向透明现象。这些效应是通过调整系统的几何参数而不是调整增益/损耗来实现的。这项工作提供了一种研究 PT 对称物理特性的方法，并为设计具有方向响应的声学开关、吸收器、放大器和功能器件提供了一种新的方法。

第 4 章主要讨论了在具有亚波长尺寸的狭缝波导中嵌入普通介质，而在普通介质的两个端口引入零折射率材料，通过调节普通介质的密度，可以极大地提高声波的透射效率，其主要原因是零折射率材料对声波具有隧穿效应。特别的，当法布里－珀罗共振条件满足时，声波可以完全隧穿过这一狭窄结构，此时，波导系统发生全透射。本章分别考虑了在这一波导系统中引入折射率近零超材料和密度近零超材料两种情况。运用这种波导结构，可以实现声波的全透射和全反射，基于这些理论依据，可以设计出一种新颖且具有很高灵敏度的声学开关。

第 5 章研究了在波导中引入零折射率材料和多个缺陷，并发现了声波在传输过程中的一些有趣现象。通过理论分析和数值仿真，我们发现当在零折射率材料中嵌入多个缺陷的几何尺寸或者声学参数有细微差距时，由于缺陷的共振和缺陷间的耦合作用，这个波导系统可以模拟声类比电磁诱导透明现象。

第 6 章研究了一种基于梳状结构单元的声超表面地毯斗篷。该地毯斗篷由一系列梳状结构单元紧密排列而成。每个结构单元的凹槽深度经过精心设计，使整个超表面引入的相位延迟刚好补偿待隐身物体引入的额外相位延迟，从而实现隐身效果。其核心理念是通过局部相位调制进行相位补偿，厚度仅为半波长。首先设计了一个圆锥形隐身斗篷，通过数值模拟和实验研究证明了其可对一个圆锥物体实现优异的隐身效果。其工作带宽为 6 200 ～ 7 500 Hz，在垂直入射和小角度入射的情况下均能正常工作。此外，还设计了一个半球形隐身斗篷，并通过数值模拟证实了其优异的隐身效果。与基于变换声学的声斗篷相比，这种超表面地毯斗篷具有超薄的厚度、简单的几何结构和易于实现等特性。

第 7 章提出了一种声学非对称相位调制超表面，它由声梯度指数超表面和零折射率超表面组成。声梯度指数超表面和零折射率超表面是由两种卷曲空间结构构成的。研究发现声学非对称相位调制超表面可以实现声波的不对称传输，并且可以将传播波转换为表面波。数值仿真证明了所提出的超表面具有上述功能。这种具有亚波长厚度和平面几何形状的声学非对称相位调制超表面可以被应用于超声成像和治疗、声学传感器和能量采集等领域。

姬文倩

2022 年 10 月

目 录

第 1 章　绪论 ········ 001

1.1　电磁学超材料 ········ 004

1.2　声学超材料 ········ 009

1.2.1　负参数超材料 ········ 012

1.2.2　近零参数超材料 ········ 016

1.2.3　正参数超材料 ········ 019

1.2.4　应用示例 ········ 020

1.2.5　有效介质理论 ········ 025

1.3　声学超表面 ········ 028

1.3.1　反射型超表面 ········ 029

1.3.2　透射型超表面 ········ 031

1.3.3　吸声超表面 ········ 033

1.4　宇称时间对称声学 ········ 035

1.5　主要研究内容 ········ 038

第 2 章　含矩形缺陷的零折射率超材料对声透射的调控研究 ········ 043

2.1　引言 ········ 045

2.2　含矩形缺陷 ZIMs 声波导模型 ········ 046

2.3　理论声学分析 ········ 047

2.4　理想 ZIMs 的数值仿真 ········ 050

2.4.1　含理想缺陷时的仿真结果 ········ 050

2.4.2 含普通缺陷时的仿真结果 …… 053
2.5 迷宫型 ZIMs 的数值仿真 …… 057
2.5.1 迷宫型超材料的声学特性 …… 057
2.5.2 含理想缺陷时的仿真结果 …… 059
2.5.3 含普通缺陷时的仿真结果 …… 060
2.6 本章小结 …… 063
第 3 章 周期性 PT 对称零折射率超材料波导中的异常声散射 · 065
3.1 引言 …… 067
3.2 周期 PT 对称 ZIMs 波导模型 …… 068
3.3 传输矩阵分析 …… 070
3.4 散射特性分析 …… 074
3.4.1 单向透明 …… 075
3.4.2 CPA－激光模式 …… 078
3.4.3 双向透明 …… 080
3.4.4 相位关系 …… 081
3.4.5 无源介质与背景主媒质不同时的情况 …… 084
3.5 相图分析 …… 087
3.6 数值仿真 …… 088
3.6.1 单向透明现象 …… 090
3.6.2 CPA－激光模式 …… 092
3.6.3 双向透明效应 …… 098
3.7 声学 PT 对称 ZIMs 的理论设计 …… 101
3.7.1 理论模型和解析方法 …… 101
3.7.2 数值仿真 …… 109
3.8 本章小结 …… 114

第 4 章 基于 FP 共振和零折射率超材料的声调控研究………… 117
4.1 引言………………………………………………………… 119
4.2 运用 INZM 在波导中实现声波的全透射和全反射 … 122
4.2.1 理论分析 ……………………………………………… 122
4.2.2 数值仿真 ……………………………………………… 126
4.2.3 INZM 带有损耗时的结果 …………………………… 132
4.2.4 这种波导结构的应用 ………………………………… 134
4.3 运用 DNZM 在波导中实现全透射和全反射………… 135
4.3.1 理论分析 ……………………………………………… 136
4.3.2 数值仿真 ……………………………………………… 137
4.3.3 DNZM 带有损耗时的结果…………………………… 139
4.4 本章小结 ………………………………………………… 140
第 5 章 含有多介质缺陷波导系统的异常声透射研究…………… 143
5.1 理论分析 ………………………………………………… 146
5.2 不同尺寸的缺陷产生声类比 EIT 现象的原因………… 151
5.3 数值仿真 ………………………………………………… 153
5.4 本章小结 ………………………………………………… 156
第 6 章 基于梳状结构的声超表面地毯隐身………………………… 157
6.1 引言………………………………………………………… 159
6.2 基于梳状结构的二维声超表面地毯隐身 ……………… 160
6.2.1 斗篷模型 ……………………………………………… 160
6.2.2 三角形隐身斗篷……………………………………… 164
6.2.3 弧形隐身斗篷 ………………………………………… 174
6.3 基于梳状结构的三维声超表面地毯隐身 ……………… 178

6.3.1 斗篷模型 …… 178
6.3.2 圆锥形隐身斗篷 …… 182
6.3.3 半球形隐身斗篷 …… 189
6.4 本章小结 …… 191
第 7 章 基于单向超表面的声波不对称相位调制 …… 193
7.1 引言 …… 195
7.2 APMM 模型 …… 196
7.3 结果与讨论 …… 201
7.3.1 声波的不对称传输 …… 201
7.3.2 传播波转换为表面波 …… 203
7.4 本章小节 …… 205
第 8 章 总结与展望 …… 207
8.1 工作总结 …… 209
8.2 研究展望 …… 212
参考文献 …… 215

第 1 章　绪论

固体物理学中的能带理论指出，电子波与周期性排列的原子晶格相互作用，可形成被带隙分隔开的能带。受此启发，人们将周期结构的概念引入经典波动领域，用光子晶体和声子晶体调控电磁波和声波的传播 [1-4]。但是，光子晶体和声子晶体的晶格常数必须与相应的电磁波和声波的波长相当，因此，其具有几何尺寸大、结构复杂和损耗高等缺点。近年来备受关注的超材料不仅解决了几何尺寸问题，还推动了一系列新理论、新颖功能器件的发展。超材料的概念首先出现在电磁学研究领域 [5-7]，然后又被扩展到声学领域 [8-10]。超材料是由一系列基本微结构单元按照某种“序”组成的人工合成结构 / 材料，其通常具有自然材料所不具备的超常物理性质。组成超材料的微结构单元比工作波长小得多，因此可被视作人造“原子”（超原子）。由于单个超原子的亚波长尺度，波动无法“看到”它们所组成的阵列的局部不均匀性，因此，这些超原子组成的超材料表现为具有超常特性的连续介质 [11-12]。基于有效介质理论，超材料的物理性质可以用有效本构参数（如有效介电常数、磁导率或有效质量密度、体模量）来描述。自然材料的性质取决于构成它的原子，而超材料的性质取决于构成它的超原子，因此，通过合理设计超原子的亚波长微观结构，可以获得各种奇特的有效本构参数，如单负参数、双负参数 [8-10]、近零参数 [13-15] 和各向异性参数 [16-18] 等。超材料可以在亚波长范围内对经典波动进行有效的操控，为设计新型功能器件开拓了新天地，例如，超越传统透镜固有衍射极限的超透镜[19-22]、通过消除物体在外部激励时产生的散射波而使物体“不可见”的隐身斗篷[23-26]，以及通过更改散射场的空间模式而产生的“幻觉”[27-28]等。

1.1 电磁学超材料

介电常数 ε 和磁导率 μ 是表征材料电磁性质的两个重要的参数。我们可以按照 ε 和 μ 的数值大小把电磁材料分为如图 1.1 所示的四大类。自然界中常见的电磁材料主要位于第一象限，$\varepsilon>0$ 且 $\mu>0$，这时电磁波可以在介质中正常传输。电场强度、磁场强度及坡印廷矢量遵守右手定则，因此这类材料也被称为“右手材料”。第二象限（$\varepsilon<0$，$\mu>0$）表示的是电等离子体，此时折射率为虚数，因此此类材料中的电磁波是倏逝波。金属材料在一定频段内属于第二象限，即具有负介电常数和正磁导率。在第三象限中，$\varepsilon<0$ 且 $\mu<0$，在这样的介质内部，电场强度、磁场强度和波矢之间遵守左手定则，这类材料也被称为“左手材料”。第四象限（$\varepsilon>0$，$\mu<0$）表示的是磁等离子体，此时折射率也为虚数，因此电磁波在此类材料中是倏逝波。第四象限中的材料一般被认为不存于自然界，需要借助超材料来实现。除此之外，位于坐标轴上的材料为零折射率介质，横轴和纵轴分别表示 $\mu\to0$ 的介质和 $\varepsilon\to0$ 的介质，原点表示 $\varepsilon\to0$ 且

$\mu \to 0$ 的介质。电磁超材料包括 ε 为负的材料或者 μ 为负的材料（单负材料），也包括 ε 和 μ 同时为负的材料（双负材料或左手材料），还包括 ε 或 μ 趋向于零的零折射率材料等。[29-34]

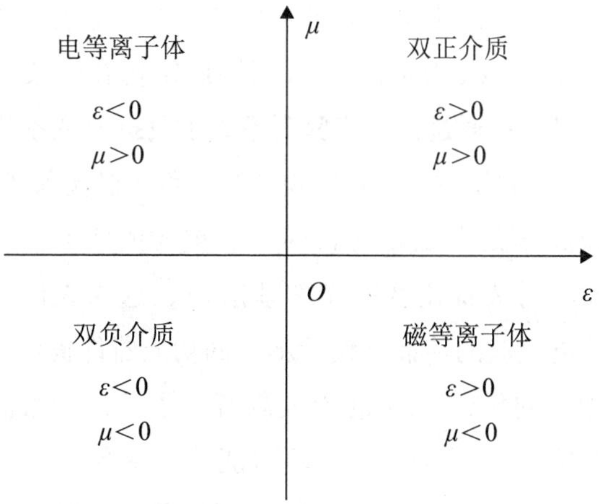

图 1.1　电磁学材料的分类

对于电磁超材料的研究最初主要是针对双负材料（左手材料）的。1968 年，Veselago 提出了介电常数和磁导率同时为负的左手材料的概念 [35]。电磁波在左手材料中传播时的电场、磁场及其波矢量遵守左手定则，传播方向（相速度）与能量流动方向（群速度）相反，并带来了一系列奇特的现象，如反常多普勒效应和负折射现象。由于自然界中并不存在这种介电常数和磁导率同时为负的材料，这样的预言在一段时间内并未在实验上实现。直到 1996 年，Pendry 等人利用周期排列的金属线阵列结构在微波频段实现了等效负介电常数[36]。1999年，Pendry等人又利用金属开口谐振环（split-ring esonators, SRRs）阵列结构在微波频段实现了等效负磁导率[37]。2000年，Smith等人通过在SRRs附近放置直导线，利用SRRs中的磁偶极子得到负磁导率，而相应的直导线可看作电偶极子，产生等效负介电常数，两者结合实现了左手材料[38]。2001年，Shelby等人利用此结构在微波频段实现了左手材料，并通过棱镜实验观察到了负折射现象[39]。2008年，Yao等人利用纳米材料实现了光波负折射现象[40]。

变换光学是电磁超材料的一个重要的研究方向。2006年，Pendry等人提出变换光学理论[41]，这为人们应用超材料来操控电磁波的传播、设计新颖的功能器件提供了有力的理论基础。同年，Schurig等人制备出了工作于微波频段电磁隐身斗篷[42]，并进行了实验验证。2008年，Li等人提出了地毯式隐身斗篷[43]，它可以隐藏放置在平坦反射表面上的散射体，这种隐身斗篷也在实验上得到了验证[44]。

近年来，零折射率超材料（zero index metamaterials, ZIMs）以其独特的电磁特性得到科研人员的广泛关注。折射率的定义为$n=\sqrt{\varepsilon\mu}$，其中，ε和μ分别是介电常数和磁导率。当介电常数和磁导率同时为零或者其中的一个为零时，折射率的值就为零。因此，ZIMs可以分为两类：①单零折射率超材料（$\varepsilon\to 0$或$\mu\to 0$）；②双零折射率超材料（$\varepsilon\to 0$且$\mu\to 0$）。在ZIMs中，即使在高频下，相速度和波长都是无限大的，因此波经过它时不经历任何空间相位延迟。这个独特的性质导致了许多有趣的电磁响应和应用，如波挤压和隧穿[45-48]、传输操控[49-53]、相位模式剪切[54]和完美弯曲[55-57]等。

Silveirinha 等人提出由介电常数近零超材料构成的非常窄的波导能够任意地压缩波导中的电磁波[45-46]。随后，Liu 等人和 Edwards 等人分别通过微波实验验证了电磁波在波导中的隧穿效应[47-48]。2010 年，Hao 等人首先提出通过在 ZIMs 波导中引入完美电（磁）导体缺陷可以实现全反射和全透射，如图 1.2（a）和图 1.2（b）所示[49]。随后，Nguyen 等人在 ZIMs 波导中嵌入电介质缺陷，通过调整缺陷的几何参数和材料参数可以调控电磁波的传输，如图 1.2（c）和图 1.2（d）所示[50]。2011 年，Xu 等人在介电常数近零超材料中嵌入缺陷，通过调整缺陷的参数也可以调控电磁波的传输，如图 1.3（a）和图 1.3（b）所示[51]。2013 年，Wu 等人在 ZIMs 波导中嵌入矩形缺陷，通过调整缺陷的参数也可以实现全反射和全透射，如图 1.3（c）和图 1.3（d）所示[52]。

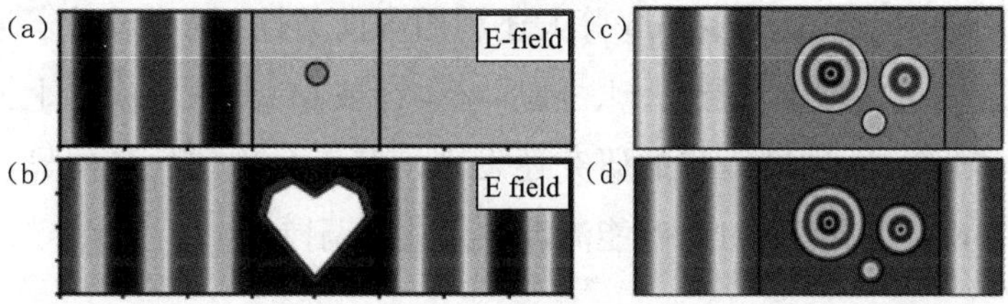

图 1.2　在 ZIMs 区域中嵌入圆形 (a) 完美电导体和 (b) 完美磁导体缺陷时的电场分布[49]，在阻抗匹配 ZIMs 中嵌入三个合适的缺陷时的 (c) 全反射和 (d) 全透射现象[50]

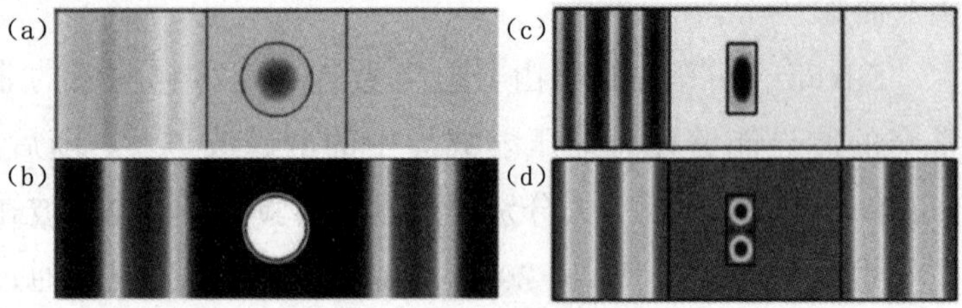

图 1.3　在$\varepsilon \to 0$超材料中嵌入合适的介质缺陷时的 (a) 全反射和 (b) 全透射现象 [51]；在 ZIMs 区域中嵌入合适的矩形缺陷时的 (c) 全反射和 (d) 全透射现象 [52]

2011 年，Huang 等人提出一种由偶然简并引起的类狄拉克锥色散关系的光子晶体，在偶然简并频率处光子晶体将出现零折射率效应。利用该效应，研究人员从实验中观测到了电磁波的隐身和弯曲等现象，如图 1.4（a）和图 1.4（b）所示。[54] 如果将光子晶体排列成出射面为曲线的形状，如图 1.4（d）所示，那么出射光波的波阵面也具有与出射面相同的形状。此外，Luo 等人还利用各向异性 ZIMs 设计了近乎完美的弯曲波导 [55-56]，随后该设计被 Ma 等人在实验上证实 [57]。通过进一步的研究还发现，基于非均匀的各向异性 ZIMs 可以实现对电磁能流近乎任意的调控 [58]。

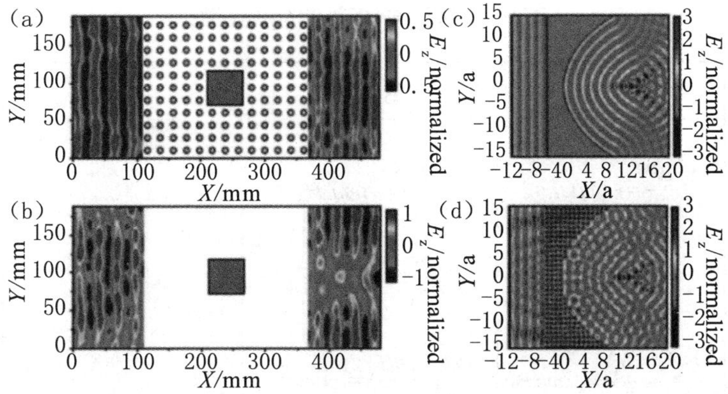

图 1.4　(a) 在光子晶体中嵌入金属障碍物时的电场分布 [54]；(b) 光子晶体移除后的电场分布 [54]；数值模拟的 (c) 均匀 ZIMs 介质和 (d) 二维光子晶体作为透镜的场分布 [54]

1.2　声学超材料

电磁超材料巨大的潜在应用价值推动了研究者对声学超材料的研究。由于声波的波动方程为亥姆霍兹方程，与电磁波的基本方程麦克斯韦方程具有相同的数学形式，两者之间可以进行类比。声波与电磁波的各项参数对比具体见表 1.1。

表1.1　声波与电磁波的参数类比

声学	电磁学	类比
$\frac{\partial P}{\partial y}=-\mathrm{i}\omega\rho_x u_x$ $\frac{\partial P}{\partial y}=-\mathrm{i}\omega\rho_y u_y$ $\frac{\partial u_x}{\partial x}+\frac{\partial u_y}{\partial y}=-\mathrm{i}\omega\beta P$	$\frac{\partial E_z}{\partial x}=-\mathrm{i}\omega\mu_y H_y$ $\frac{\partial E_z}{\partial y}=\mathrm{i}\omega\mu_x H_x$ $\frac{\partial H_y}{\partial x}-\frac{\partial H_x}{\partial y}=-\mathrm{i}\omega\varepsilon_z E_z$	
声压 P	电场E_z	$-E_z\leftrightarrow P$
质点速度u_x u_y	磁场H_x H_y	$H_x\leftrightarrow u_y$ $H_y\leftrightarrow -u_x$
密度ρ_x ρ_y	磁导率μ_x μ_y	$\rho_x\leftrightarrow\mu_y$ $\rho_y\leftrightarrow\mu_x$
压缩系数β	介电常数ε_z	$\beta\leftrightarrow\varepsilon_z$

均匀理想流体媒质中的声波波动方程为

$$\nabla^2 P-\frac{\rho}{\kappa}\frac{\partial^2 P}{\partial t^2}=0 \tag{1.1}$$

其中，P 代表声压；ρ，κ分别为媒质的质量密度和体积模量。控制声波在界面处方向变化的声速为$v=\sqrt{\kappa/\rho}$。控制声波在界面处反射和透射振幅的声波阻抗，定义为声波的压力与流体速度之比，即$Z=p/v=\sqrt{\rho\kappa}$。从上式我们可以得知，声波在介质中的传输主要受到媒质的质量密度和体积模量的影响。我们可以按照 ρ 和 $1/\kappa$ 的数值大小把声学介质分为如下几大类，如图 1.5 所示。自然界中存在的常规介质主要位于第一象限，其本构参数满足 $\rho>0$ 且 $1/\kappa>0$ ，因此，这类介质被称为双正介质。第二象限表示的是单负介质，其本构参数满足 $1/\kappa<0$ 且 $\rho>0$ 。第三象限表示的是双负介质，其本构参数满足 $\rho<0$ 且 $1/\kappa<0$ ，双负介质也被称作“左手介质”。第四象限表示的也是单负介质，其本构参数满足 $1/\kappa>0$ 且 $\rho<0$ 。除此之外，位于坐标轴上的为零折射率介质，横轴和纵轴分别表示 $\rho\to0$ 的介质和 $1/\kappa\to0$ 的介质，原点表示 $\rho\to0$ 且 $1/\kappa\to0$ 的介质。声波在双正介质中传播时的波矢量方向与能量传播方向相同，在双负介质中传播时的波矢量方向与能量传播方向相反，而在单负介质中传播时仅能在表面传播表面声波。声学超材料包含单负介质，双负介质以及零折射率介质等[59-60]。由于这些超材料均具有色散特性，因此，其在一定频段内也会变成双正介质。

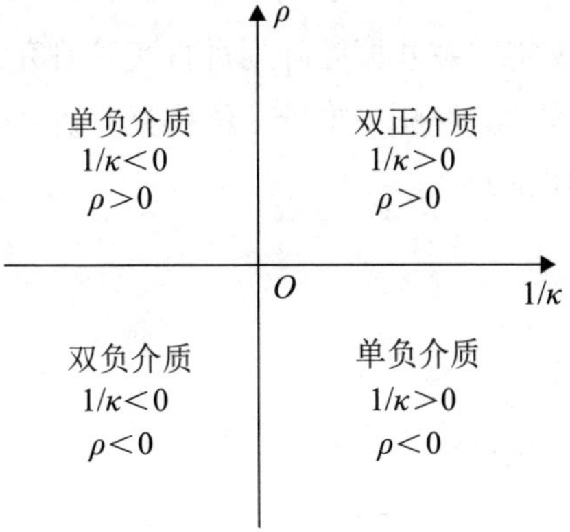

图 1.5　声学材料的分类

1.2.1 负参数超材料

对于声学超材料的研究最早可以追溯到人们对声子晶体的低频特性的研究。2000 年，Liu 等人在提出局域共振型声子晶体时，就指出所得到的超低频禁带来源于其中每个单元的共振[8]。他们将包裹了铅球的软材料按简单立方晶格排列在环氧树脂基体中构成声子晶体，如图 1.6（a）所示。该结构可以等效为弹簧 - 振子模型，铅球和软材料可分别被看作振子和弹簧。在其低频禁带所对应的共振模式上，振子的运动方向和传递振动的声波所施加在振子上的恢复力方向相反。因此，整个声子晶体可等效为一个负密度材料。2004 年，Li 等人首次提出偶极子共振对应着等效负密度，单极子共振对应着等效负模量。通过设计共振单元的几何参数，在某个频率内，系统可同时存在单极子共振和偶极子共振，那么该系统可以等效为一个声学双负材料[9]。2006 年，Fang 等人对一维亥姆霍兹共振腔阵列进行实验研究，研究结果证明了在谐振腔的共振频率附近，结构具有负弹性模量，如图 1.6、图 1.7 所示[10]。

图 1.6　局域共振型声子晶体示意图（一）

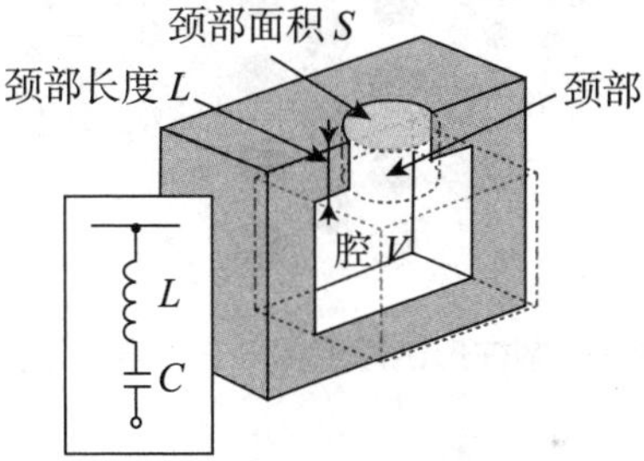

图 1.7　局域共振型声子晶体示意图（二）

2012 年，García-Chocano 等人通过在二维波导外开圆柱形谐振腔，也得到了准二维情况下的等效负弹性模量，如图 1.8 所示 [61]。随后，Graciá-Salgado 等人对上述准二维结构进行改进，在原来的空旁支管中插入如图 1.9 所示的分隔结构，在共振腔内实现了等效负密度，也实现了等效近零密度，并在数值模拟中实现了隧穿和隐身等 [62]。2010 年，Lee 等人首次在实验上实现了声学双负材料，他们利用的是薄膜和旁支腔耦合的系统，其中薄膜对应着等效负密度，旁支腔对应着等效负弹性模量，如图 1.10 所示[63]。2011 年，Fok 等人将偶极共振的弹簧阵子和单极共振的亥姆霍兹共振器结合起来，成功地在实验中观测到了声学负折射现象[64]。

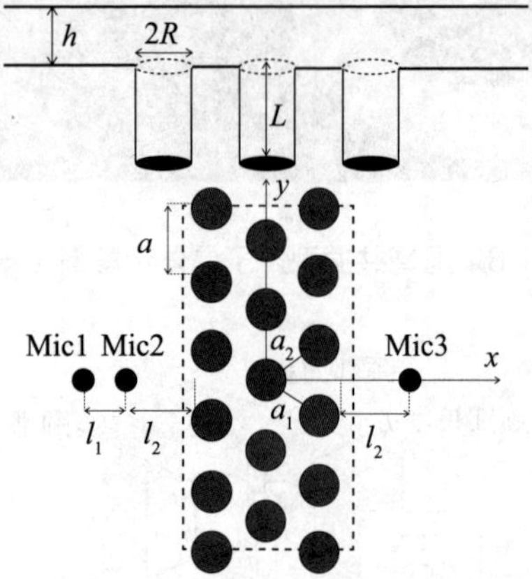

图 1.8　波导外开圆柱形谐振腔的准二维结构及其实验示意图

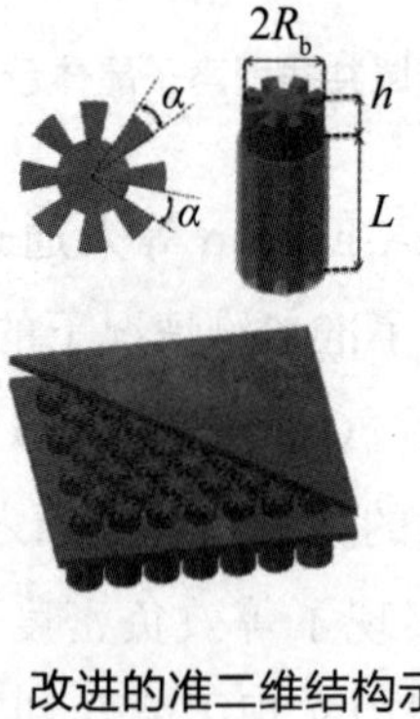

图 1.9　改进的准二维结构示意图

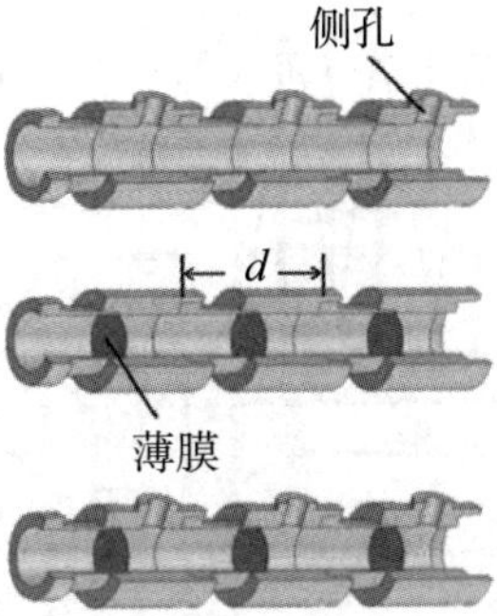

图 1.10　声学双负材料示意图

声学超材料的基本单元可以分为共振型单元和非共振型单元。单负超材料或双负超材料的基本单元大多为共振型单元。由于共振型单元具有损耗大、鲁棒性差、带宽窄及结构组分复杂等缺点，近年来人们开始对非共振型单元展开研究。非共振型超材料单元具有损耗低、频带宽等优点。2012 年，Liang 等人基于迷宫结构从理论上获得了宽带负折射率，如图 1.11 所示[65]。随后，Liang 等人和 Xie 等人分别在实验上验证了此类迷宫结构的负折射现象[66-67]，同时指出此类材料还可以在某些频段上实现等效近零密度，并观察到了密度近零材料带来的隧穿现象。由于其有效性和易于实施，迷宫结构被提出后立即引起了研究者的广泛关注。研究者通过对迷宫结构进行研究，已成功实现了诸如聚焦[68-70]、单向传输[71]和高透射[72-73]等功能。

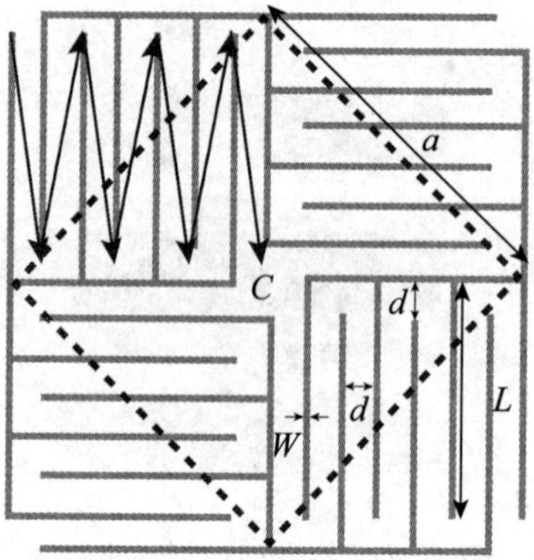

图 1.11　迷宫型超材料单元示意图

1.2.2　近零参数超材料

近年来，ZIMs 因其丰富的声学现象和广泛的实际应用前景而受到广泛关注。在 ZIMs 中，相速度和波长都接近无穷大，因此波经过它时不会发生任何空间相位延迟。这种材料内部的相位分布是均匀的，这也意味着出射波前是由 ZIMs 的边界形状决定的。因此，ZIMs 可以隐藏放置在其内部的散射体，如果从外部看，它不会产生散射波[74]。ZIMs 隐身只能在垂直入射的情况下发生，带有倾斜入射角的波会在界面处遭遇完全的“内部”反射。利用 ZIMs 制成的棱镜可以实现不对称传输[71]，其中两个边界构成一个非零角。如果该棱镜的一个边界平行于入射波前（垂直入射），声波将通过两个棱镜界面进行全透射。然而，在与入射波相反方向传播的波将具有非零的入射角，因此被棱镜完全反射。ZIMs 内部的波动行为最终由波动方程和相关的边界条件决定。假设在 ZIMs 中有一个声学软边界（定义为 $P = 0$）的缺陷，这将使内部的声压场处处为零，从而导致入射波的全反射 [75]。ZIMs 独特的性质还导致了其他有趣的现象，如声能量汇集 [77]、超分辨率成像 [78] 和声波能流的任意调控 [79] 等。

2010 年，Bongard 等人在研究由薄膜和旁支孔周期排列成的一维声学超材料时首次指出，该超材料的等效密度和等效体模量倒数在一定频段内同时趋近于零，如图 1.12 所示 [13]，其中薄膜类比于电容，旁支孔类比于电感。2012 年，Liu 等人在研究软橡胶柱 / 水周期结构时发现，当占空比合适时，其能带结构会出现狄拉克点，该点对应频率处的介质的等效密度和等效体模量倒数同时趋近于零 [14]。2013 年，Zhu 在研究正方排布在水中的周期空气柱结构时发现，该结构的等效密度和等效体模量倒数在一定频段内也趋近于零 [15]。同年，Park 等人利用周期排列的亥姆霍兹共振器阵列实现了等效体模量倒数趋近于零，并进行了实验研究 [80]。Fleury 等人利用亚波长小管加薄膜结构串联构成密度近零超材料 [81]，如图 1.13 所示。其机理是利用薄膜在共振频率处提供的负有效质量，与小管中的空气质量相抵消，从而使整个结构表现出等效零质量密度。利用这样的结构，可以在两个波导管之间实现声隧穿现象。Park 等人发现，在刚性平板的亚波长小孔上加张紧的薄膜也可以实现等效零质量密度 [77]，其单元构型如图 1.14 所示。2017

年，Dubois 等人基于声学狄拉克锥首次在实验上实现了阻抗匹配双零折射率超材料，如图 1.15 所示，并基于该材料实现了点源的声学准直[82]。

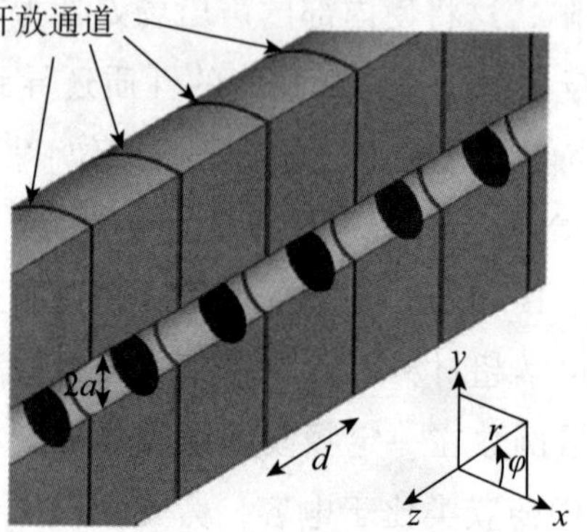

图 1.12　由薄膜（深色）和旁支孔周期排列形成的双零折射率超材料

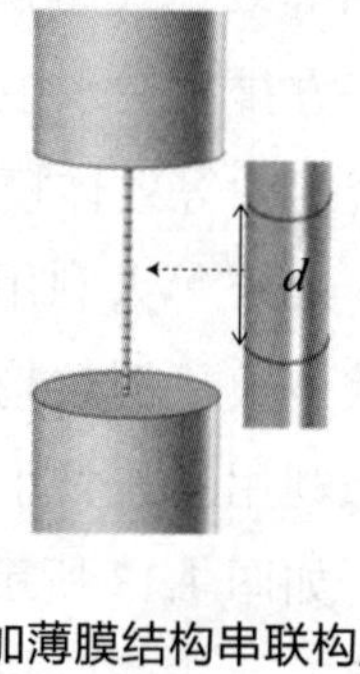

图 1.13　由亚波长小管加薄膜结构串联构成的密度近零超材料单元

图 1.14　在刚性平板的亚波长小孔上加张紧的薄膜形成的零密度超材料单元

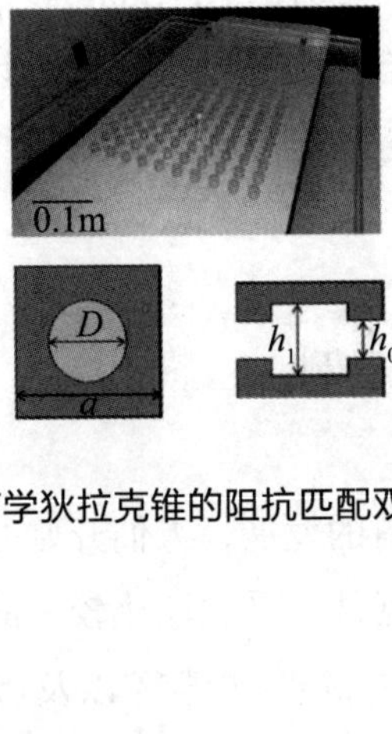

图 1.15　基于声学狄拉克锥的阻抗匹配双零折射率超材料

1.2.3　正参数超材料

声学等效参数为正的超材料可以通过在基质中放置一定体积填充比的散射体来获得。2009 年，Popa 等人通过在空气基质中周期性放置横截面积为长方形的钢柱获得了一种密度各向异性的高折射率声学超材料，并借助该材料从理论上实现了声波的异常折射[83]。2011 年，Zigoneanu 等人利用横截面积为“十”字形的填充物构成了一种各向同性的声学超材料，在晶格常数小于 $\lambda/10$ 的情况下，其最大等效折射率达到了 2，并借助上述超材料设计出一个声学透镜，从实验上实现了宽带声聚焦[84]。2012 年，Li 等人基于卷曲空间结构获得了等效折射率高达 6.1 的声学超材料，并从理论上设计出厚度仅为波长 1/14.5 的超薄声聚焦透镜[68]。2014 年，Chen 等人基于各向异性正参数超材料获得了放大的声压和增强的声学传感[85]。2016 年，Song 等人提出基于分形结构不同阶单元之间的自相似特性，可以设计出具有不同等效折射率但等效阻抗相近的分形声学超材料[86]。

1.2.4 应用示例

随着声学超材料的发展，人们开始基于其所提供的新的性质研制各种声学器件。受关注比较多的有与声学聚焦或成像有关的各种声学透镜[19-22,29,87-89]以及可以使物体不被外界探测到的声学隐身斗篷[23-26,91-101]。

1. 亚波长成像

亚波长成像在医学超声诊断、无损评价和光声成像等领域具有重要的应用前景。传统成像设备的分辨率受到衍射极限的限制，衍射极限是由倏逝波中亚波长细节的损耗引起的，远离物体（或图像）呈指数衰减，但携带较大的横向波向量。这可以从均匀介质中的色散 $k^2 = k_\perp^2 + k_{/\!/}^2 = (2\pi/\lambda)^2$ 中看出，如果横向波矢量 $k_{/\!/}$ 超过 $2\pi/\lambda$，λ 为波长，纵向波矢量 $k_\perp$ 一定是虚数。因此，波在远离源处呈指数衰减。从物体中散射出来的声波包括传播波和倏逝波。为了克服衍射极限，倏逝波需要在它们变得太弱而无法被探测之前被传输和收集。目前可行的方法有两种：一种是将倏逝波放大并在近场捕获；另一种是通过在邻近介质中提供外波矢量来维持倏逝波，或将其转换为传播波。

2000 年，Pendry 首先在光学领域进行了探索，他观察到倏逝波可以在负折射率材料内部被强烈放大 [29]，在离开负折射率材料后，倏逝波在像平面上衰减并重构，从而有助于完美的成像，这种机制也适用于声波。Zhang 等人首次报道了负折射的声学演示 [19]。在这项工作中，他们建立了一个超材料界面，在界面上有效折射率从正变为负，当光源被放置在界面的一侧时，可以清楚地观察到一个焦点。2015 年，Kaina 等人实验证明了一种由亥姆霍兹谐振器（易拉罐）组成的负折射率声学超透镜，如图 1.16（a）所示 [87]。通常，亥姆霍兹谐振器只产生单极谐振，并产生一个负的参数，即负的有效体模量。然而，通过破坏对称性并在一个晶胞中用两个谐振器形成一个双周期蜂窝状晶格，在带隙中出现了呈现负折射率的窄带，这是由两个谐振器之间的多次散射引起的。

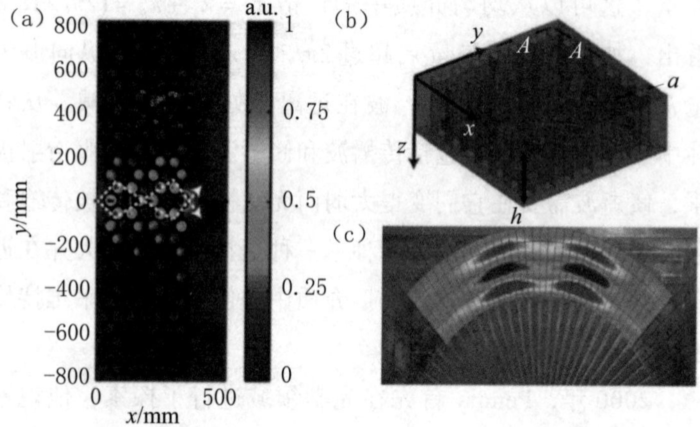

图 1.16　负折射率生超透镜及内部构造示意图

注：(a) 由一组蜂窝阵列的相同亥姆霍兹谐振器组成的负折射率声超透镜[87]；(b) 具有周期性亚波长孔径的多孔结构示意图[88]；(c) 由交替的空气和黄铜层构成的声学超透镜[22]

法布里 – 佩罗（Fabry-Pérot, FP）共振可以在宽范围的波矢量上产生平坦的色散，因此，谐振模的波矢量可以取非常大的值[88-89]。2011 年，Zhu 等人设计出具有周期性亚波长孔径的有孔结构，如图 1.16（b）所示。研究表明，从光源发出的带有较大横向波矢量的倏逝波可以有效地耦合到 FP 共振模，然后被传递到图像平面附近的结构[88]。这些共振模式携带高空间频率信息，并有助于在像平面处形成分辨率为 $\lambda/50$ 的深亚波长图像，远低于衍射极限。

基于共振的亚波长成像只能在较窄的频率范围内进行，为了实现宽带亚波长成像，需要使用非谐振元件。2009 年，Li 等人利用黄铜和空气条制成了具有椭圆形等频线的声超透镜，从而实现了超分辨率放大成像，如图 1.16（c）所示[22]。通过将声源放置在透镜中心，倏逝波将逐渐转变为沿径向的传播模式，在远场可以观察到亚波长特征。由于其非共振特性，这种声超透镜在宽频率范围内是有效的。

2. 声隐身斗篷

“隐身”是一个近乎神奇的概念，经常出现在科幻小说和电影中，在安全和军事应用方面具有广阔的应用前景。如果一个物体既不反射也不吸收，则对于入射波是不可见的。一种可行的隐身策略是引导波绕过物体，使波前在经过物体后恢复到非散射状态[41]，这种被称为“变换光学”的数学技术使我们能够设计一种折射率在空间上变化的介质，以使光围绕物体弯曲，这是基于电磁波在坐标变换下的麦克斯韦方程的形式不变性[90]。变换声学是通过将声学方程映射到二维空间中的单极化麦克斯韦方程或二维和三维空间中的电导率方程而提出的[23-26,91-93]。

2011 年，Zhang 等人首先通过实验实现了水下超声波的隐身，该隐身技术由狭窄通道连接的亚波长腔组成平面网络，并在环形衬底中进行加工，如图 1.17（a）所示[94]。利用声传输线法对声腔和通道的几何参数进行空间定制。将物体放入环形隐身壳内，通过几乎未受干扰的波阵面验证了该物体的隐身效果。Popa 等人和 Zigoneanu 等人进一步设计并制备出了二维和三维宽带声地毯斗篷，如图 1.17（b）和图 1.17（c）所示[95,96]。隐形斗篷由多层塑料薄板制成，薄板上穿孔了一系列亚波长小孔。它们被组装成金字塔形状，类似于一个帐篷覆盖散射体放置在一个坚硬的反射表面上。

最近，Bi 等人利用深亚波长尺度下交替放置黄铜和水层的结构实现了二维和三维水下声波的地毯隐身，如图 1.17（d）和图 1.17（e）所示[97-98]。另外，在一个物体周围仔细排列额外的散射体会导致原始散射波被抵消[99-101]，从而产生隐身效果。

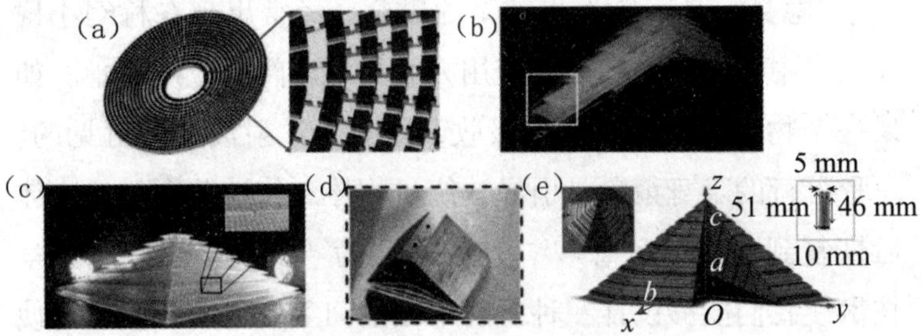

图 1.17　二维和三维宽带声地毯斗篷

注：(a) 用于水下超声波的二维声学斗篷[94]；(b) 用于空气声波的二维地毯斗篷[95]；(c) 用于空气声波的三维地毯斗篷[96]；(d) 用于水下声波的二维地毯斗篷[97]；(e) 用于水下声波的三维地毯斗篷[98]。

除了声隐身外，变换声学还被用于实现其他有趣的声学现象和功能器件。隐身斗篷的功能是让入射波沿着散射体绕行，与之相反，可以设计一种装置来引导入射波进入核心区域而不被散射。通过在核心区域放置吸收剂，这些声学“黑洞”可以显示出与入射角无关的吸收性能[102-104]。研究者基于变换声学技术还提出了幻象声学[27]，该幻象装置可以隐藏原始物体并生成另一个物体的图像。变换声学技术也可以应用于双功能透镜的设计，例如，在一个方向上，这样的装置可以作为鱼眼透镜来聚焦透镜附近的点源；

而在正交方向上，该装置可以作为 Luneburg 透镜来准直点源发射器发出的声波 [105]。

1.2.5　有效介质理论

物理声学对于均匀介质有经典的声传播理论，均匀介质中的声反射、透射等现象均可以通过严谨的数学物理方程得到解析解，但是对于非均匀介质则很难分析其声学特性。例如，均匀介质中含有各种结构时就不容易得到声学特性的解析解，这时候就需要将非均匀介质当作某种近似条件下的均匀介质来处理。有效介质理论为研究声学超材料提供了重要的理论基础和设计手段 [106-107]。有效介质理论又被叫做等效参数理论，其核心思想是利用等效和近似的方法来研究复合材料的宏观属性，即在可接受的范围内，求得复合材料宏观参数的近似值。

研究复杂且不规则结构的声学特性时，研究者通常通过数值计算的方法来解决，其主要的方法有平面波展开法 [108,109]、多重散射法 [110-112]、时域有限差分法 [113,114]、转移矩阵法 [115] 和有限元法 [116-119] 等。2007 年，Fokin 等人提出了一种利用透射、反射系数来反推材料声学参数的方法 [120]。在这种方法中，他们将整个系统视为一个黑箱，并通过计算或者测量结构的透射系数和反射系数，然后反演出描述其声学特性的等效质量密度和等效弹性模量。

等效参数反演法的具体示意图如图 1.18 所示。左侧为所研究的声学结构，右侧表示的是等效后的一块均匀声学介质。当声波从左侧入射到结构时，声波会发生反射与透射，反射与透射系数的大小由结构的声学性质所决定。若在相同的入射波入射的情况下，所研究的声学结构与均匀的声学介质具有完全相同的反射和透射系数，因此可以将所研究的声学结构与均匀的介质近似地等效起来。进一步地，利用计算或测量得到的结构透射系数和反射系数，我们可以通过逆向求解的方法得到均匀介质的声学参数，即所研究的声学结构的等效质量密度和等效弹性模量。

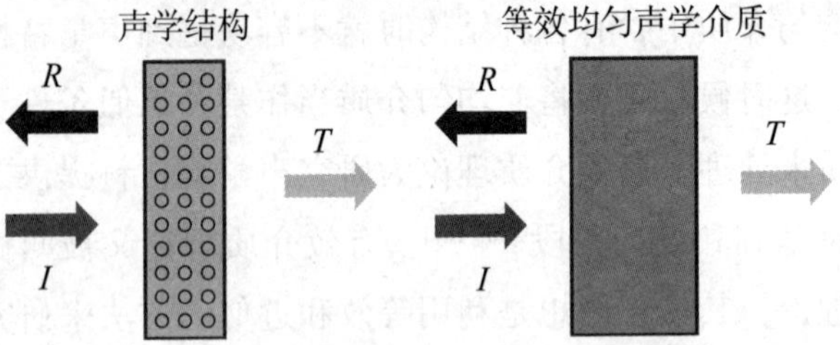

图 1.18　等效参数反演法示意图

当声波从背景媒质 1 入射到厚度为 d 的均匀介质层 2 时，会发生反射和透射，此时，系统的反射系数和透射系数可以写为如下形式：

$$R=\frac{(Z_1+Z_2)(Z_2-Z_1)\mathrm{e}^{-2\mathrm{i}\varphi}+(Z_1-Z_2)(Z_2+Z_1)}{(Z_1+Z_2)(Z_2-Z_1)\mathrm{e}^{-2\mathrm{i}\varphi}+(Z_1-Z_2)(Z_2-Z_1)} \tag{1.2}$$

$$T=\frac{4Z_1Z_2}{(Z_1-Z_2)(Z_2-Z_1)\mathrm{e}^{\mathrm{i}\varphi}+(Z_1+Z_2)(Z_2+Z_1)} \tag{1.3}$$

其中，媒质 1 的质量密度、声速和声阻抗分别为 ρ_1、c_1 和

$Z_1=\rho_1 c_1$；介质层 2 的质量密度、声速和声阻抗分别为 ρ_2、c_2 和 $Z_2=\rho_2 c_2$；$\varphi=2\pi fd/c_2$ 为声波经过介质层 2 引起的相位变化；f 为入射声波的频率。进一步简化公式，可以得到：

$$R=\frac{Z_2^2-Z_1^2}{Z_1^2+Z_2^2+2\mathrm{i}Z_1Z_2\cos\varphi} \tag{1.4}$$

$$T=\frac{(1+R)Z_1}{Z_1\cos\varphi-Z_2\sin\varphi} \tag{1.5}$$

引入相对参量 $m=\rho_2/\rho_1$、$n=c_1/c_2$、$k_1=2\pi f/c_1$、$\eta=Z_2/Z_1$，则反射系数和透射系数可以表示为如下形式：

$$R=\frac{\tan(nk_1d)(\eta^{-1}-\eta)\mathrm{i}}{2-\tan(nk_1d)(\eta^{-1}+\eta)\mathrm{i}} \tag{1.6}$$

$$T=\frac{2}{\cos(nk_1d)[2-\tan(nk_1d)(\eta^{-1}+\eta)\mathrm{i}]} \tag{1.7}$$

进一步地，通过公式（1.6）和公式（1.7），可以反推得到等效折射率和等效声阻抗分别为

$$n=\frac{\pm\cos^{-1}[(1-R^2+T^2)/2T]}{k_1d}+\frac{2\pi m}{k_1d} \tag{1.8}$$

$$\eta=\pm\sqrt{\frac{(1+R)^2-T^2}{(1-R)^2-T^2}} \tag{1.9}$$

为了为使等效折射率与声阻抗连续，可以将公式（1.8）和（1.9）改写为如下形式：

$$n=\frac{-\mathrm{i}\lg x+2\pi m}{k_1d} \tag{1.10}$$

$$\eta = \frac{r}{1-2R+R^2-T^2} \tag{1.11}$$

公式（1.10）和公式（1.11）中，$x=(1-R^2+T^2+r)/2T$；$r=\pm\sqrt{(R^2-T^2-1)^2-4T^2}$。利用公式（1.8）～公式（1.11），即可通过计算 / 测量入射声波经过结构后的反射系数和透射系数，使用逆向反演法来求得结构的等效声学参数。

1.3 声学超表面

超材料在控制声波方面能够展现出许多独特的性能，比如负折射[63-67]、亚波长成像[22,88,89]及隐身[23-26,91-101]等。尽管超材料有这样多优异的性能，但它依然有如下缺点：体积大、带宽窄、成本高、损耗高以及难于集成。为了克服这些缺点，最近研究人员提出了薄层超材料的概念，即超表面。[121]超表面一般是由多种微结构单元按特殊序列排列在一起形成的具有亚波长厚度的平面型超材料。2011 年，Yu 等人在理论上对传统的斯奈尔定理进行了更一般化的研究，提出广义斯奈尔定律[121]。当两种介质的界面上存在额外的梯度相位时，波的折射或反射将受界面所提供的横波矢量的影响，而不是简单地遵循斯奈尔定律。界面上的梯度相位可由排布在界面上且相位有规律地从 0 变化到 2π 的亚波长微结构单元提供。根据对波阵面调控的需求，研究者可以设计出具有不同相位梯度的微结构单元构成的界面，而这种界面就被称为超表面。由于超表面可以在界面上提供任意的相位，它也被用于实现一些复杂的现象，如隐身 [122,123]、全息 [124,125] 和聚焦 [126] 等。

广义斯奈尔定律同样适用于声学超表面 [127]。声学超表面可以通过对界面各个位置处的声波进行调控，实现多种新颖的现象和功能，如异常折 / 反射 [128,129]、低频吸声 [130,131] 和声地毯隐身 [132-134] 等。相对于体积型超材料，声学超表面具有结构简单、紧凑、体积和易加工等优点，使其在亚波长成像、隐身和集成声学等诸多领域表现出巨大的应用前景。目前声学超表面主要可分为反射型超表面、透射型超表面和吸声超表面，它们的构造单元可以是共振膜、亥姆霍兹共振器或卷曲空间结构，通过基于空间相位梯度的设计使波转向和聚焦。

1.3.1　反射型超表面

2013 年，Zhao 等人利用梯度阻抗分布的超表面实现了声学双反射及波模式转换 [135]。同年，Li 等借助卷曲空间结构 [见图 1.19（a）] 实现了将垂直入射的平面波分别转换成汇聚波和表面波，同时还能使入射声波沿着任意方向发生反射 [136]。2014 年，Li 等人从实验上验证了他们设计的可行性，从实验上观察到了反射声波的异常偏转、声聚焦以及反射声束的自弯曲等多种现象 [128]。卷曲空间结构虽然能够使反射型超表面的厚度降低到深亚波长尺度，但其强共振特性使得该类型超材料的工作带宽较窄。为了拓展反射型超表面的工作带宽，从而实现反射声波波阵面的宽带操控，2015 年，Zhu 等人利用凹槽状结构 [见图 1.19（b）] 实现了宽带反射型超表面的设计和制作，并从实验上观察到了非色散异常声反射、声聚焦以及声束自弯曲等声学现象 [137]。2016 年，Yang 等人通过共振结构在理论上设计出一种超表面，它可以同时用于电磁波、声波及水波的地毯式隐身 [132]。同年，Faure 等人采用亥姆霍兹共振器制成了梯度超表面 [见图 1.19（c）]，它可以实现单频声地毯隐身，并进行了实验验证 [134]。2017 年，Wang 等人利用螺旋结构单元在理论上设计出可用于宽带（2 500 ～ 3 600 Hz）的声地毯斗篷，单元如图 1.19（d）所示 [138]。Fan 等人基于直型波导管设计了二进制型超表面，实现了宽带声聚焦 [139]。2018 年，Zhu 等人提出了一种具有突变截面管的损耗型单元构建的超表面，对反射声波的相位和振幅进行解耦调控，实现了较高质量的全息声成像 [140]。

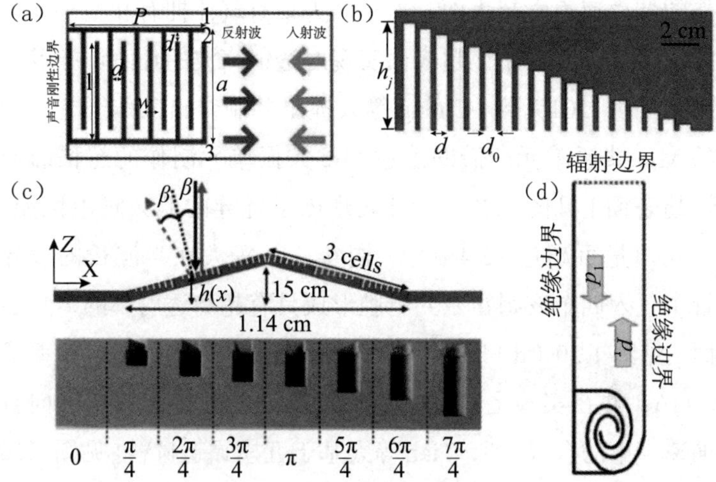

图 1.19　不同类型的反射型超平面

注：(a) 基于卷曲空间结构的反射型超表面 [136]；(b) 基于梳状结构的反射型超表面 [137]；(c) 超表面地毯隐身示意图以及 3D 打印的超表面单元 [134]；(d) 基于螺旋结构单元的反射型超表面单元 [138]。

1.3.2　透射型超表面

2014 年，Tang 等人基于卷曲空间结构单元 [见图 1.20（a）] 设计超表面对透射声波进行调控，实现了异常折射、负折射、体波向表面波转换等声学现象 [129]。同年，Xie 等人设计了螺旋折叠型声超表面 [见图 1.20（b）]，实现了对入射声波的异常操控，如异常折射、生成表面倏逝波和负折射 [141]。Mei 等提出了一种基于稀有气体（氙气、氩气）制作的低声速声学超表面，这是因为稀有气体拥有和空气相近的声阻抗，并利用该超表面实现对透射声波的任意调控及全反射[142]。2015 年，Cheng 等人提出并制作出工作于空气中的 Mie 共振单元，借助上述 Mie 共振单元制作的超稀疏声学超表面 [见图 1.20（c）] 表现出了优异的低频隔声性能，其隔声量可超过 93.4%[143]。同年，Li 等人在半波长的波导管中置入四个亥姆霍兹共鸣腔形成具有超高透射率的声超表面 [见图 1.20（d）]，透射率大于 80% 的带宽占中心频率的 0.116，并在实验上实现了沿特定预设轨迹传播的非轴向自加速声束的合成[144]。Tian 等人基于五模式超材料 [见图 1.20（e）] 实现了水声领域的宽带声操控，有效解决了声学超材料和水之间阻抗失配问题[145]。

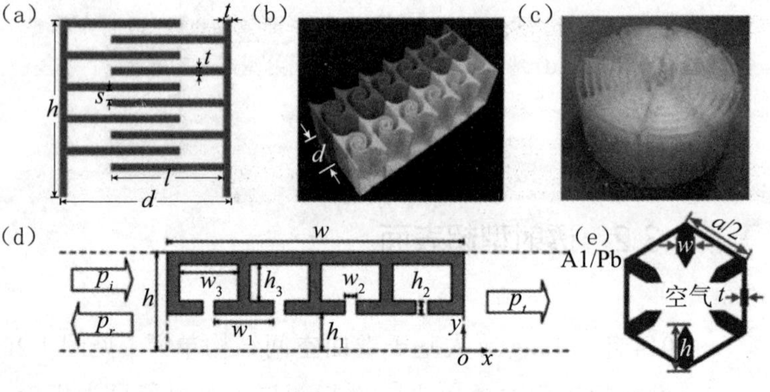

图 1.20　不同类型的透射型超平面和相关示意图

注：(a) 基于卷曲空间结构的透射型超表面单元[129]；(b)3D 打印的螺旋折叠型超表面[141]；(c)3D 打印的 Mie 共振单元[143]；(d) 亥姆赫兹型声学超表面示意图[144]；(e) 五模式超材料单元示意图[145]。

2016 年，Xie 等人利用螺旋折叠型声超表面实现了声全

息成像 [146]。Shen 等人利用零折射率超材料和梯度折射率超表面实现了声学的非对称传输 [147]。Jiang 等人利用 Li 等人 2015 年提出的结构 [144] 设计出圆形声学超表面，并生成了螺旋声场 [148]。2017 年，Li 等人通过在超表面中引入合适的损耗，实现了声能量的非对称传输 [149]。Zuo 等人利用卷曲空间结构对透射声波进行调控，实现了微分、积分、卷积等模拟数学运算 [150]。Zhang 等人实现了亚波长厚度（0.18 倍工作波长）可通风（允许 63% 的气流通过）的全向单频声屏障 [151]。

1.3.3　吸声超表面

吸声超表面主要有以下几种形式：薄膜型、亥姆赫兹共振腔型以及 FP 共振管型。2012 年，Mei 等人基于薄膜和不对称的刚性板制成了薄膜型声学吸声超表面 [见图 1.21（a）]，其可以在频率为 100~1 000 Hz 的范围内实现吸声 [152]。2014 年，Ma 等人设计了一种基于耦合薄膜的声学超表面 [见图 1.21（b）]，实现了对声波的多频率高效吸收以及转换率为 23% 的声能向电能的转换，其结构厚度约为波长的 1/133[130]。同年，Cai 等人构造了如图 1.21（c）所示的共面亥姆霍兹共振器 [153]，实现了单频完美吸声，其厚度约为吸收波长的 1/50。Jiang 等人提出了一种基于 FP 共振的宽带吸收器，如图 1.21（d）所示。通过使用不同长度的 FP 通道，在一个宽带频率范围内实现了高吸收 [154]。2016 年，Li 等人通过空间折叠方法构造了如图 1.21（e）的吸收体，实现了材料厚度为 $\lambda/223$ 的完美吸声[131]。2017 年，Yang 等人基于因果关系约束来设计吸声结构 [见图 1.21（f）]，并实现了在 400Hz 以上的稳定完美吸声[155]。

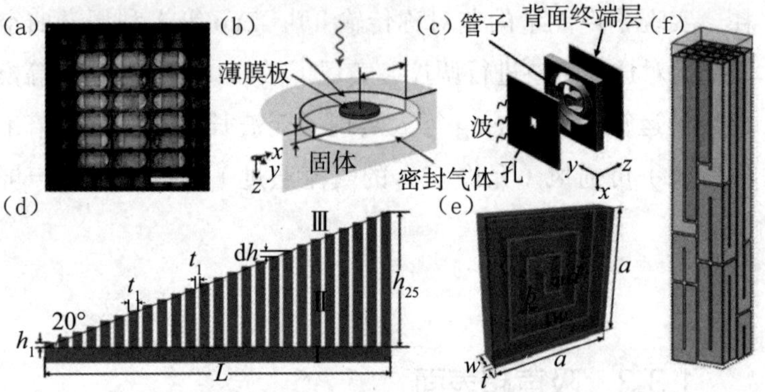

图 1.21　不同类型的吸声超表面

注：(a) 基于薄膜和不对称刚性板制成的薄膜型吸声超表面[152]；(b) 基于耦合薄膜的吸声超表面[130]；(c) 由共面亥姆霍兹共振器组成的吸声超表面[153]；(d) 基于 FP 共振的宽带吸声超表面[154]；(e) 由穿孔板和共面气腔组成的吸声超表面[131]；(f) 由 16 个 FP 通道组成的超材料单元的原理图[155]。

相干完美吸收（coherent perfect absorption，CPA）最初是在光学领域所提出的[156]，它是由反向传播的波之间的相消干涉引起的，该相消完美的吸收会导致输出波相互抵消，从而导致全吸收。理论研究表明，尽管对材料特性和几何形状有严格的要求，CPA 也适用于声学[157-161]。研究人员通过引入从相反方向入射的控制声波，如果控制声波与原始声波同相（反相）且强度与原始声波相等，那么产生的声场可以是对称（反对称）的。因此，在满足临界耦合条件的情况下，原始声波和控制声波的所有能量都能耦合到吸收器中并被完全耗散[157]。这种声学 CPA 已经由 Wei 等人[158]和 Yang 等人[159]进行了理论预测和数值验证，并由 Meng 等人[160]通过实验实现。Song 等人将声学 CPA 的概念扩展到具有高阶对称性（如四极和八极共振）的二维场景中[161]。

1.4　宇称时间对称声学

虽然在过去的十年中，超材料促进了声学技术的进步，但研究人员主要依赖线性、无源和静态的元胞结构。然而，这些特性限制了超材料的适用性及其对技术的一般影响。无源性、线性和时不变性给声学参数的选择带来了基本的限制。例如，无源线性声学材料的频率色散受 Kramers-Kronig 类色散关系的约束[162]，这最终限制了超材料的可用带宽。固有损耗也阻碍了无源声学超材料的适用性，从而影响了设备的整体效率。即使在天然材料中，高频信号通常也会被衰减。当声音在超材料中传播时，尤其是在具有多个波长厚度的体积样品中，能量会被大量消散。超材料的典型静态有效特性往往会限制该技术的适用性，因为复杂的系统可以从可重构性和可调性中获益。

由于这些原因，人们越来越努力探索有源声学超材料，这种材料有可能克服上述挑战，并提高其在相关应用中的有效性。“有源”一词通常意味着其内部单元能够给入射波提供能量或给整个系统加以反馈。常见的有源元件包含有源传感器、微米或纳米机电系统、压电材料和电负载声学元件。这些结构保证了系统的可重构性、实时可调性以及其他特性[163-171]。

有源声学超材料的一个有趣的子类是宇称时间（parity-time，PT）对称声学超材料。在这一系统中，包含有给入射声波提供能量源的主动式发声部分，也有与之配对的时间反演镜像，即吸声部分。这样的元素组合满足平衡的增益 – 损耗条件，该条件已被证明可以提供异常的声学响应。这种平衡的增益损耗系统与描述该系统的哈密顿量的 PT 对称性有关，该对称性首先是在有损系统的量子力学中进行研究的。PT 对称性随后在经典波领域得到了探索。在量子力学中，为了保证一个真实的特征值谱，哈密顿量必须是厄米特的。然而 1998 年，Bender 在他们的开创性研究中证明，具有 PT 对称性的非厄米特哈密顿量也可以表示出真实的能量本征谱[172]。

近年来，PT 对称性被推广到经典波系统中，在光学和声学等领域也存在 PT 对称性。对于光学和声学系统，如果复折射率满足关系 $n(x)=n^{*}(-x)$，这相当于增益和损耗平衡分布，那么这些系统是 PT 对称的，特征态可以有真实的特征值。设计折射率的虚部为我们控制光波和声波提供了更多的自由度。PT 对称光子学领域已经引起了极大的关注，许多有趣的现象已经被证实，如单向无反射[173]、相干完美吸

收 - 激光模式 [174,175]、单模激光 [176]、单向隐身 [177] 和非线性效应 [178] 等。

构建 PT 对称声学系统的关键是调节增益和损耗使之平衡。[179] Zhu 等人在声学中提出了 PT 对称的概念，通过精确的计算，理论上证明了所提出的声 PT 对称介质的特殊散射特性，表明该介质在一定频率下可以呈现单向透明现象 [179]。通过结合 PT 对称介质和变换声学，进一步引入了一种单向斗篷，它可以保护内部信息不被沿指定方向检测到。对于空气中的声音，可以将装有电子电路的扬声器用作可调谐单元，通过主动吸收或注入能量来满足所需的损耗和增益条件 [180-181]。Fleury 等人将电子控制扬声器作为增益元件，用于补偿吸收器损耗的能量。[180] 这使得各向异性的传输共振得以实现：对于来自两边的入射，透射为 1，但由于增益和损耗分量的不对称定位，反射高度不对称。通过控制电偏压，可以放大或衰减在压电半导体板中传播的弹性波。通过精细地堆叠沿不同方向偏置的平板，可以理论上实现 PT 对称条件 [182]。对于流动管道中的声波，不连续边界处的涡旋 - 声音相互作用会引起有效的增益和损耗 [183]。

2018 年，Liu 等人提出了一种可以在二维空间上拓展的无源声学 PT 对称超材料晶体 [184]。这种超材料晶体由周期性交替放置的凹槽状和微孔状超材料组成，二者分别用于构造无源 PT 对称势场所要求的空间折射率实调制和虚调制，因此能够在 Exceptional 点（EP 点）附近向入射波提供固定大小的非配对波矢，从而形成单向无反射的现象。2019 年，Wang 等人利用梯度折射率功能基元及其中的粘滞损耗效应构造了非厄米声学超表面系统，并在 EP 点处实现了非对称声反射镜[185]。2020 年，Lan 等人采用周期性分布泄漏结构的矩形波导，实现了无源 PT 对称势的调控[186]。通过精巧地设计无源超材料的无损和损耗区域，在相干完美吸收 - 激发点实现高效率的相干控制，从而使吸收和发射状态之间具有较大的对比度，并利用该无源 PT 对称超材料在理论和实验上实现逻辑门和小信号放大器集成的声学器件。

1.5　主要研究内容

近年来，声学超材料的相关研究一直是广受关注的前沿课题之一，基于声学超材料的各种新型功能器件也陆续被报道。本书工作主要包括基于 ZIMs、PT 对称超材料和超表面的理论研究和器件设计。

（1）在第 2 章中，从理论和数值上研究了在零折射率超材料波导中嵌入矩形缺陷的声传输。迷宫型超材料在一定频率范围内有效质量密度和体模量倒数同时接近零，因此可视作一种零折射率超材料。解析结果和数值模拟表明，通过调整矩形缺陷的声学参数，迷宫型零折射率超材料波导的传输幅度可以覆盖整个 [0, 1] 范围，从而实现全透射、全反射、部分透射和声隐身等现象。本章研究了零折射率超材料对声透射的调控机理，拓展了超材料对声场的调控手段，有利于实现功能奇特的新原理声学开关，有着丰富的学术意义和重要的应用前景。

（2）在第 3 章中，研究了一种由周期性 PT 对称零折射率超材料组成的声波导。解析推导和数值模拟一致表明，该波导系统可以实现丰富多样的异常散射效应。例如，在 Exceptional 点处发生了单向透明现象。在奇点处，系统工作于声相干完美吸收 – 激光模式，它能够完美地吸收特定的相干入射波，同时在其他入射时发射极强的相干波。此外，还观察到由法布里 - 佩罗共振或平衡的耗散 / 增益引起的双向透明现象。这些效应是通过调整系统的几何参数而不是调整增益 / 损耗来实现的，有利于实验的实现。这项工作提供了一种研究 PT 对称物理特性的方法，并可能为设计具有方向响应的声学开关、吸收器、放大器和功能器件提供一种新的方法。

（3）在第 4 章中，研究了在具有亚波长尺寸的狭缝波导中嵌入普通介质，而在普通介质的两个端口引入零折射率材料，通过调节普通介质的密度，可以极大地提高声波的透射效率，主要原因是零折射率材料对声波具有隧穿效应。特别地，当法布里 - 佩罗共振条件满足时，声波可以完全隧穿过这一狭窄结构，此时，波导系统发生全透射。本研究分别考虑了在这一波导系统中引入折射率近零超材料和密度近零超材料两种情况。运用这种波导结构，可以实现声波的全透射和全反射，基于这些理论依据，可以设计出一种新颖且同时具有很高灵敏度的声学开关。本研究的工作提供了一种在狭缝波导系统中控制声传输的新方法，在狭缝波导系统中填充的介质不一定是零折射率材料，还可以是普通介质，与 ZIMs

相比，普通介质更容易实现，这将大大简化该狭缝波导系统在实际应用中的实现。

（4）在第 5 章中，研究了在波导中引入零折射率材料和多个缺陷，并发现了声波在传输过程中一些有趣的现象。通过理论分析和数值仿真，发现：当嵌入在零折射率材料中多个缺陷的几何尺寸或者声学参数有细微差距时，这个波导系统可以用来模拟声类比电磁诱导透明现象，本书详细解释了声类比电磁诱导透明现象产生的原因，随着缺陷几何尺寸或者声学参数差距的增大，声类比电磁诱导透明现象会逐渐减弱。

（5）在第 6 章中，研究了一种基于梳状结构单元的声超表面地毯斗篷。该地毯斗篷由一系列梳状结构单元紧密排列而成。每个结构单元的凹槽深度经过精心设计，使得整个超表面引入的相位延迟刚好补偿待隐身物体引入的额外相位延迟，从而实现声隐身效果。其核心理念是通过局部相位调制进行相位补偿，厚度仅为半波长。首先设计了一个圆锥形隐身斗篷，通过数值模拟和实验研究证明了其可对一个圆锥物体实现优异的隐身效果。其工作带宽为 6 200 ～ 7 500 Hz，在垂直入射和小角度入射情况下均能正常工作。此外，还设计了一个半球形隐身斗篷，并通过数值模拟证实了其优异的隐身效果。与基于变换声学的声斗篷相比，这种超表面地毯斗篷具有超薄的厚度、简单的几何结构、易于实现等特性。因此，有利于进一步的实际应用。

（6）在第 7 章中，本书提出了一种声学非对称相位调制超表面，它由声梯度指数超表面和零折射率超表面组成。声梯度指数超表面和零折射率超表面是通过使用两种卷曲空间结构来实现的。研究发现所设计的声学非对称相位调制超表面能够产生高效率的不对称传输。基于广义斯涅尔定律，通过调整声梯度指数超表面中两个子单元之间的相位差，可以将通过声学非对称相位调制超表面的透射波的角度设计为 π/2。在这种情况下，声场在声学非对称相位调制超表面得到增强，并在远离界面处迅速衰减，实现了传播波向表面模式的完美转换。这种具有亚波长厚度和平面几何形状的声学非对称相位调制超表面可以很容易地用于超声成像和治疗、声学传感器和能量采集等实际应用。

第 2 章　含矩形缺陷的零折射率超材料对声透射的调控研究

2.1　引言

超材料的出现拓宽了经典波的调控手段，从而实现了诸多新颖的物理现象和功能器件，如隐身[23-26,91-101]、亚波长成像[22,88,89,187]、彩虹捕获[188-189]和二极管[190-192]等。零折射率超材料（zero index ，metamaterials, ZIMs）是一种重要且有趣的超材料。在 ZIMs 中，即使在高频下，相速度和波长都趋近于无穷大，因此，波在 ZIMs 中传播时，不经历任何空间相位延迟，其内部的场为准静态场。这种独特的性质导致了许多有趣的电磁响应和应用，包括相位模式剪切、波挤压和隧穿、完美弯曲和传输操控。与此同时，由于其丰富的声学现象和实际应用，声学 ZIMs 也受到了特别的关注。各种各样基于声学 ZIMs 的原型（如迷宫结构[65-67]、声子晶体[14,15,62]和膜或亥姆霍兹共振器[13,77,80]）已经被提出。特别地，在 ZIMs 中引入各种液体或固体缺陷，可以通过调整缺陷的参数自由地控制声传输，从而导致全透射和全反射。2013 年，Wei 等人首次研究了声波在含缺陷的 ZIMs 中的传播情况，实现了声学全反射、全透射、超反射和声隐身等[75]。Wang 等人进一步将该系统中的流体缺陷推广为一般固体缺陷，也实现了声学全反射和全透射[76]。

尽管已有多篇论文研究基于 ZIMs 的声透射问题，但是有两个关键因素可能会妨碍其实际应用。首先，以往的研究工作都是基于近零折射率的理想有效介质，这些介质是假设的，自然界中不存在此类材料。另一方面，实际 ZIMs 的基本构件大部分是矩形的[14,15,65-67]。因此，在 ZIMs 中构造矩形缺陷比圆柱形缺陷更为方便，但以前的工作只关注圆柱形缺陷，以便简化模型的复杂性。因此，有必要探索在一个实际的 ZIMs 中嵌入矩形缺陷来操控声传输。本章将系统地研究含矩形缺陷的 ZIMs 对声透射的调控机理及其在声开关等新原理声学器件中的潜在应用。

2.2 含矩形缺陷 ZIMs 声波导模型

图 2.1 为由四个区域组成的二维声波导结构示意图，波导的横纵坐标分别为 x 和 y，高度为 h，波导上下边界为声学硬边界。区域 0 和区域 3 为背景主媒质空气（密度 $\rho_0=1.21\ \mathrm{kg/m^3}$，体模量 $\kappa_0=1.42\times10^5\ \mathrm{Pa}$），并且被一个有效密度 ρ_1 和体模量倒数 $1/\kappa_1$ 同时接近零的声 ZIMs（区域 1）分开。其中，ZIMs 区域的宽度为 b_0，高度为 h。在 ZIMs 中嵌入了具有相对密度为 ρ_2 和体模量为 κ_2 的矩形缺陷（区域 2），矩形缺陷的宽度和高度分别为 b_1 和 b_2。主媒质和缺陷都为均匀各向同性材料。

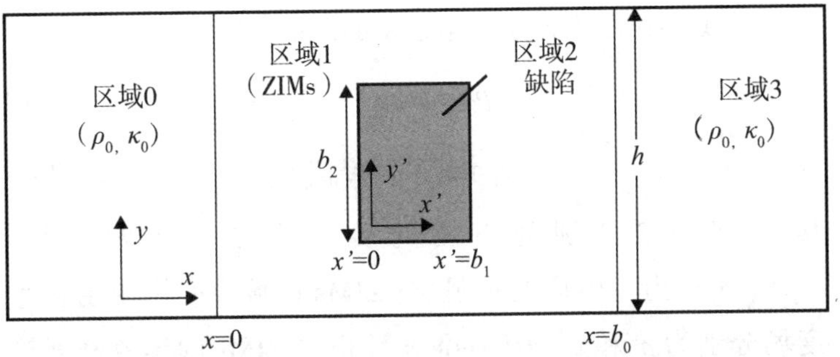

图 2.1　含缺陷 ZIMs 的二维声波导结构示意图

注：区域 0 和区域 3 为背景主媒质空气；区域 1 为 ZIMs；区域 2 为嵌入的矩形缺陷；波导的上下边界为声学硬边界。

2.3　理论声学分析

在波导中，假设从左向右入射的简谐平面波为 $p_{\text{inc}}=P_0\mathrm{e}^{\mathrm{i}(\omega t-k_0x)}$。其中，$P_0$ 是入射平面波的幅度；k_0 是区域 0 中的波数；ω 是角频率。为了方便起见，在后面的分析过程中我们省略了简谐声场的时间因子 $\mathrm{e}^{\mathrm{i}\omega t}$。声波导各区域内速度场可表示为 $v=(\mathrm{i}/\rho\omega)\nabla p$。区域 0 中的声压场和速度场可以表示为

$$p_0=P_0\left(\mathrm{e}^{-\mathrm{i}k_0x}+R\,\mathrm{e}^{\mathrm{i}k_0x}\right) \tag{2.1}$$

$$v_0=\left(\mathrm{e}^{-\mathrm{i}k_0x}-R\,\mathrm{e}^{\mathrm{i}k_0x}\right)P_0/\eta_0 \tag{2.2}$$

区域 3 中的声压场和速度场可以表示为

$$p_3 = TP_0 e^{-ik_0(x-b_0)} \tag{2.3}$$

$$v_3 = e^{-ik_0(x-b_0)} P_0 T/\eta_0 \tag{2.4}$$

其中，R 和 T 分别为声压的反射系数和透射系数；$\eta_0 = \sqrt{\rho_0 \kappa_0}$ 为主媒质的声阻抗；ZIMs 区域内的声压场和速度场分别为 p_1 和 $v_1 = (\mathrm{i}/\rho_1\omega)\nabla p_1$。由于 ZIMs 的等效密度趋于零，即 $\rho_1 \approx 0$，则为了保证区域 1 内的速度场 v_1 为有限值，声压场 p_1 的梯度必须为零，即 $p_1 = C$。其中，C 为一常数。因此，ZIMs 区域的声压值为一常数，不随空间坐标的变化而变化，其为准静态分布。在区域 0 与区域 1 的交界处（$x = 0$）满足声压连续性条件，即 $P_0(1+R) = p_1$。同理，在区域 3 与区域 1 的交界处（$x = b_0$）也满足声压连续性条件，即 $TP_0 = p_1$。声压的透射系数和反射系数之间的关系为 $T = 1 + R$。

为了便于描述缺陷内的点，本章定义了一个相对笛卡尔坐标系（x' 和 y'），其中 $x' = y' = 0$ 位于缺陷的左下角，如图 2.1 所示。利用分离变量的方法，可以得到矩形缺陷内的声压场为

$$p_2(x', y') = p_1 + \sum_{n,m \geqslant 1} C_{n,m} \phi_{n,m}(x', y') \tag{2.5}$$

其中，有

$$C_{n,m} = \frac{-4k_2^2 p_1}{nm(k_2^2 - \lambda_{n,m})\pi^2}[1-(-1)^n][1-(-1)^m], \quad k_2^2 = \frac{\rho_2}{\kappa_2}\omega^2,$$

$$\lambda_{n,m} = \left(\frac{n\pi}{b_1}\right)^2 + \left(\frac{m\pi}{b_2}\right)^2, \quad \phi_{n,m}(x', y') = \sin\frac{n\pi x'}{b_1}\sin\frac{m\pi y'}{b_2}$$

n 和 m 为正整数。因此，矩形缺陷内的速度场为

$$v_2(x',y')=\frac{\mathrm{i}}{\omega\rho_2}\left[\widehat{x}'\sum_{n,m\geqslant1}C_{n,m}\frac{\partial\phi_{n,m}}{\partial y'}-\widehat{y}'\sum_{n,m\geqslant1}C_{n,m}\frac{\partial\phi_{n,m}}{\partial x'}\right] \quad (2.6)$$

可以得到沿着矩形缺陷边界的法向速度的线积分为

$$\begin{cases}\oint_{\text{left}}+\oint_{\text{right}}=\dfrac{\mathrm{i}}{\omega\rho_2}\sum\limits_{n,m\geqslant1}C_{n,m}\dfrac{nb_2}{mb_1}\left[1-(-1)^m\right]\left[1-(-1)^n\right]\\ \oint_{\text{top}}+\oint_{\text{bottom}}=\dfrac{\mathrm{i}}{\omega\rho_2}\sum\limits_{n,m\geqslant1}C_{n,m}\dfrac{mb_1}{nb_2}\left[1-(-1)^m\right]\left[1-(-1)^n\right]\end{cases} \quad (2.7)$$

为了求出声压透射和反射系数的具体表达式，对 ZIMs 区域应用质量守恒定律 $\oint\rho v_\perp\mathrm{d}l=\int(\rho/\kappa)(\partial p/\partial t)\mathrm{d}s$（$v_\perp$ 表示速度场的法向分量），从而求得波导中的透射系数为

$$T=\frac{1}{1-(\eta_0/2hp_1)\oint_{\partial A}v_{2\perp}\mathrm{d}l} \quad (2.8)$$

其中，∂A 是缺陷边界（顺时针方向）；$v_{2\perp}$ 是缺陷速度场的法向分量。将公式（2.7）带入式（2.8）可以得到波导的透射系数。

从式（2.7）和式（2.8）中可以发现，含矩形缺陷 ZIMs 的声压透射系数与入射声波的频率、矩形缺陷的声学参数和几何参数均有关系，因此可以通过调整这些参数来任意的调控声波的传输。

2.4 理想 ZIMs 的数值仿真

为了验证理论分析，本书用有限元方法进行了数值模拟。设波导的高度为 $h = 5\lambda_0$，ZIMs 的宽度为 $b_0 = 3\lambda_0$。入射声波的波长设为 $\lambda_0 = 0.1$ m，理想的 ZIMs 的密度和体模量分别设为 $\rho_1 = 10^{-4}\rho_0$ 和 $1/\kappa_1 = 10^{-4}(1/\kappa_0)$，与主媒质阻抗匹配。矩形缺陷的宽度和高度分别设置为 $b_1 = \lambda_0/2$ 和 $b_2 = \lambda_0$。

2.4.1 含理想缺陷时的仿真结果

当理想 ZIMs 内不含任何缺陷时，式（2.8）分母中最后一项不存在，于是声压透射系数简化为 $T = 1$。即当理想 ZIMs 中不含缺陷时，声压透射系数恒等于 1。透射声波与入射声波的声压幅值相等，相位相等。即声波在理想的 ZIMs 中传播时，空间上不经历声压幅值和相位的变化。图 2.2（a）上半部分为利用有限元方法计算得到的声压场分布，该理想 ZIMs 中不含任何缺陷。可以发现，入射声波完全地透过 ZIMs。此时，声波的全透射源自 ZIMs 与主媒质的阻抗匹配。为了便于定量分析，图中下半部分绘制了声压在波导上边界处的相位分布。从图中可以发现，声波在 ZIMs 区域的左右边界处的相位都接近 π，声波完全透过 ZIMs，没有任何空间相位变化。ZIMs 内的声压场为准静态场，声压幅度和相位处处相等，这是 ZIMs 的内禀物理性质，与理论分析相符。

对于含有理想软缺陷的情况，由于理想软缺陷在其边界上的声压为零，导致 $T = 0$。即当 ZIMs 内存在理想软缺陷时，无论软缺陷有多小，声波都会被 ZIMs 全部反射。图 2.2（b）为利用有限元方法计算得到的声压场分布，该情况下理想 ZIMs 中含一个矩形的理想软缺陷。可以发现，区域 1 和区域 3 内的声压值处处为 0，入射声波被 ZIMs 和软缺陷完全反射。

对于含有理想硬缺陷的情况，由于理想硬缺陷边界上的法向速度为零（$v_{2\perp}=0$），导致 $T = 1$。这与不含缺陷时的情况完全相同，表明理想硬缺陷的引入不会改变 ZIMs 原本的声透射特性。当 ZIMs 中含理想硬缺陷时，声压透射系数恒等于 1，声波发生全透射。图 2.2（c）上半部分为利用有限元方法计算得到的声压场分布，该情况下理想 ZIMs 中含一个矩形理想硬缺陷。如图中仿真结果所示，入射声波完全地透过 ZIMs，发生全透射。图 2.2（c）中下半部分绘制了声压在波导上边界处的相位分布。从图中可以发现，声波在 ZIMs 区域的左右边界处的波相位都接近 π，表明入射波完全透过 ZIMs 而没有相位变化。图 2.2（a）和图 2.2（c）中主媒质区域的声压场分布情况相同，证明了理想硬缺陷的引入不会改变 ZIMs 原本的声透射特性。根据这种特性，图 2.2（c）中的模型可视作二维波导里的声斗篷，任何位于理想硬缺陷内部的物体都能被 ZIMs 隐身。作为对比，本书将

ZIMs 替换成主媒质，计算得到的声压场如图 2.2（d）所示。可以发现，入射平面声波受到理想硬缺陷散射声波的强烈干扰，产生了显著的后向反射和前向阴影，波阵面遭到破坏，不再保持平面形状。对比图 2.2（c）与图 2.2（d）可以看出，含理想硬缺陷的 ZIMs 具有优异的声隐身性能。这与基于变换声学的隐身[23-26]不同，因为 ZIMs 隐身的参数与其几何形状无关。

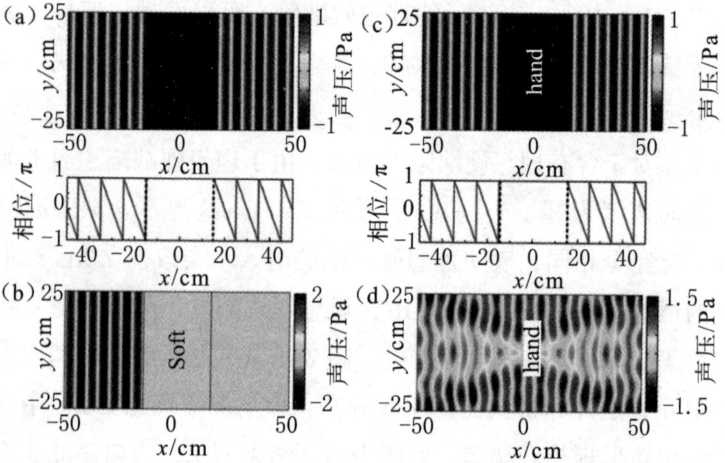

图 2.2　不同情况下理想 ZIMs 波导中的声压场分布

注：(a) 不含缺陷、(b) 含理想软缺陷、(c) 含理想硬缺陷时的声压场分布；(d) 背景主媒质内含理想硬缺陷的声压场分布；图 (a) 和图 (c) 的下半部分线图为声压在相应波导上边界处的相位分布。

2.4.2 含普通缺陷时的仿真结果

全反射和全透射也可以通过在 ZIMs 嵌入普通缺陷来实现。根据公式（2.6）和公式（2.8），如果有 $C_{n,m} \to \infty$ ，则 $T=0$ ，发生全反射。在这种情况下，一种可能的解决方案是 n 和 m 都是奇整数，并且 $k_2^2 = \lambda_{n,m}$ ，因此，发生全反射时 ZIMs 中缺陷的声学参数可为

$$\kappa_2 = \rho_2 \omega^2 \left[\left(\frac{n\pi}{b_1} \right)^2 + \left(\frac{m\pi}{b_2} \right)^2 \right]^{-1} \qquad (2.9)$$

这里列举两个产生全反射的例子：$m = 1$、$n = 1$、$\rho_2 = \rho_0$ 和 $m = 3$、$n = 1$、$\rho_2 = \rho_0$，将这些参数代入公式（2.9），分别得到矩形缺陷的体模量分别为 $\kappa_2 = \kappa_0/1.25$ 和 $\kappa_2 = \kappa_0/3.25$，图 2.3（a）和图 2.3（b）为根据这些参数得到的声压场分布。可以发现，两种情况下区域 1 和区域 3 内的声压场均处处趋近于 0，入射声波均被含有缺陷的 ZIMs 完全反射，这与理论分析相符。缺陷中的声压场（P_2）主要由单模 $\phi_{n,m}(x',y')$ 决定，因为该模式对应的系数 $C_{n,m}$ 趋于无穷大。

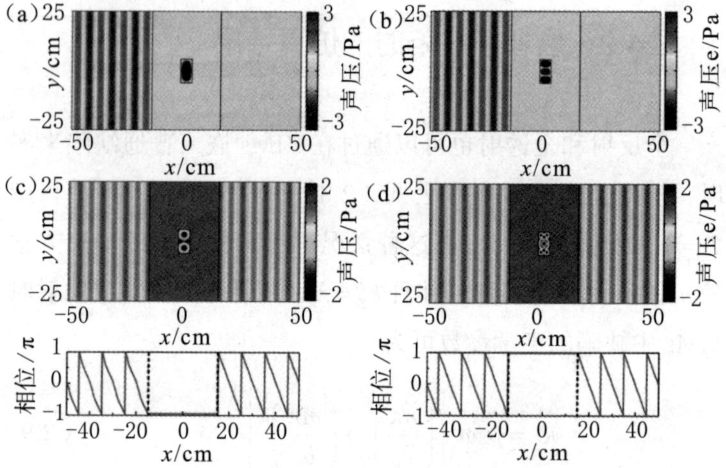

图 2.3 理想 ZIMs 波导嵌入一个含不同声学参数的矩形缺陷的声压场分布

注：(a) $\kappa_2=\kappa_0/1.25$（即 $m=1$，$n=1$）；(b) $\kappa_2=\kappa_0/3.25$（即 $m=3$，$n=1$）；(c) $\kappa_2=\kappa_0/4.25$（即 $m=1$，$n=2$）；(d) $\kappa_2=\kappa_0/17$（即 $m=2$，$n=4$）。在所有情况下，$\rho_2=\rho_0$；图 (c) 和图 (d) 的下半部分线图为声压在相应波导上边界处的相位分布；全反射和全透射可以分别在 (a)、(b) 和 (c)、(d) 中观察到。

根据公式（2.7）和公式（2.8）可以发现，当 n 或 m 是偶数，并且 $C_{n,m}$ 为有限值时，发生全透射（$T=1$）。因此，发生全透射时 ZIMs 中的矩形普通缺陷的声学参数依然可以由式（2.9）描述，只不过其中 n 或 m 需为偶数。这里也列举两个产生全透射的例子：$m=1$、$n=2$、$\rho_2=\rho_0$ 和 $m=2$、$n=4$、$\rho_2=\rho_0$。将这些参数代入式（2.9），可以得到矩形缺陷的体模量分别为 $\kappa_2=\kappa_0/4.25$ 和 $\kappa_2=\kappa_0/17$。图 2.3（c）

和图 2.3（d）为根据这些参数得到的声压场分布。图中下半部分分别绘制了声压在波导上边界处的相位分布。在图 2.3（c）中，大部分入射波透过 ZIMs 区域，在 ZIMs 中具有不变的声压场。ZIMs 区域左右边界处的相位都接近 -0.95π。区域 0 中的相位沿 x 轴是略微非线性的，这是由于入射波与小（但非零）的反射波之间的干涉造成的。在图 2.3（d）中，ZIMs 区域左右边界处的相都接近 0.98π，可以观察到声波完全透过 ZIMs 区域而没有相位和振幅的变化。对于全透射，由于 $C_{n,m} \to \infty$ 不成立，所以缺陷内的声场由多个模式组成，而不是单一模式，这与圆柱形缺陷的情况不同。根据参考文献 [75]，对于全透射和全反射，圆柱形缺陷中的声压场是零阶 Bessel 波，其由单模 $J_0(kr)$ 支配。这两种情况下的不同场分布特性源于缺陷几何的不同对称性。

进一步证明，有趣的传输特性适用于正方形缺陷，它是矩形缺陷的特例。此时，正方形缺陷的边长设为 $b_1 = b_2 = \lambda_0/2$，缺陷的密度设为 $\rho_2 = \rho_0$。这里列举两个产生全反射的例子：$m = 1$、$n = 1$ 和 $m = 1$、$n = 3$，将这些参数代入式（2.9），可以得到方形缺陷的体模量分别为 $\kappa_2 = \kappa_0/2$ 和 $\kappa_2 = \kappa_0/10$。图 2.4（a）和图 2.4（b）为根据这些参数得到的声压场分布。从图中可以发现，两种情况下区域 1 和 3 内的声压值均处处趋近于 0，入射声波均被含有缺陷的 ZIMs 完全反射。对于发生全透射的情况，我们也列举了 2 个例子：$m = 1$、$n = 2$ 和 $m = 4$、$n = 4$，将这些参数代入式（2.9），可以得到方形缺陷的体模量分别为 $\kappa_2 = \kappa_0/5$ 和 $\kappa_2 = \kappa_0/32$。图 2.4（c）和图 2.4（d）为根据这些参数得到的声压场分布。从图中可以发现，两种情况下声波均完全透过 ZIMs 区域。图中下半部分分别绘制了声压在波导上边界处的相位分布。在图 2.4（c）中，ZIMs 区域左右边界处的波相位都接近 0.98π，并且声波完全通过 ZIMs 而不改变相位和幅度。在图 2.4（d）中，ZIMs 左右边界处的相位都接近 –0.93π，并且大部分入射波透过 ZIMs 区域，区域 0 中的弱反射导致沿着 x 轴微小的非线性相位变化。

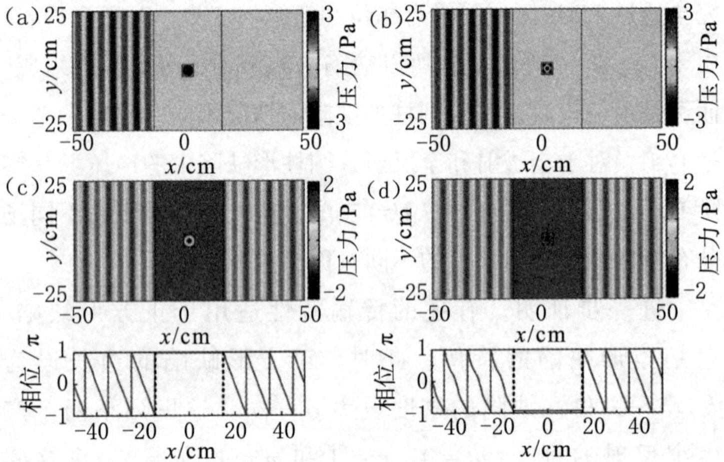

图 2.4　理想 ZIMs 波导嵌入一个含不同声学参数的正方形缺陷的声压场分布

注：(a) $\kappa_2=\kappa_0/2$（即 $m=1$、$n=1$）；(b) $\kappa_2=\kappa_0/10$（即 $m=1$、$n=3$）；(c) $\kappa_2=\kappa_0/5$（即 $m=1$、$n=2$）；(d) $\kappa_2=\kappa_0/32$（即 $m=4$、$n=4$）。在所有情况下，$\rho_2=\rho_0$。图 (c) 和 (d) 的下半部分线图为声压在相应波导上边界处的相位分布。全反射和全透射可以分别在 (a)、(b) 和 (c)、(d) 中观察到。

2.5　迷宫型 ZIMs 的数值仿真

为了实际应用，本书采用迷宫型超材料来实现 ZIMs。值得注意的是，用 ZIMs 操控声传输的方案不局限于迷宫型超材料，也可以采用其他具有近零折射率的结构，如声子晶体 [14,15,62] 和膜基超材料 [13,77,80]。本书采用迷宫型超材料，因为它有体积小、损耗低和易于制造的优点。

2.5.1　迷宫型超材料的声学特性

图 2.5（a）为迷宫型超材料单个单元的示意图，它由亚波长 Z 字形的空气通道组成。迷宫单元的宽度设为 a = 26 mm，通道的厚度为 d = 1.5 mm。实心壁的厚度 w 和长度 l 分别固定在 1 mm 和 10 mm。迷宫型超材料可以用塑料 3D 打印，由于其声阻抗比空气大得多，因此迷宫型超材料的固体壁在声学上可以被假设为声学硬边界。声波沿 Z 字形通道传输，而不是在截止频率下的从 A 到 B 的直线。这种效应使声波的传输长度增加，并导致低频段的能带折叠。迷宫型超材料的能带结构图可以用 Bloch 理论数值计算获得，如图 2.5（b）所示。由于能带折叠，在第一个能带 Γ点附近，ΓX和 ΓM方向上的斜率几乎是相同的，表明各向同性性质。在 2 892 Hz 附近出现一个平带，表明迷宫型超材料具有非

常大的相速度和接近零的折射率。迷宫单元的有效声参数可以通过 S 参数反演法数值计算得到[120]。图 2.5（c）为计算出的有效密度 ρ_e 和体模量倒数 $1/\kappa_e$ 随频率变化的情况。图 2.5（d）为相应的有效折射率 n_e 和阻抗 Z_e。所有的有效声学参数已经与空气归一化。在图 2.5（c）中，密度和体模量倒数在 2 892 Hz 附近都接近零。因此，相应的有效折射率接近零 [见图 2.5（d）]，这与能带结构分析 [见图 2.5（b）] 一致。这些有效参数表明迷宫型超材料实际上可以表现为声学 ZIMs。另外，在 2 892 Hz 附近 $Z_e \to 1$，意味着迷宫型 ZIMs 和空气之间声阻抗匹配。

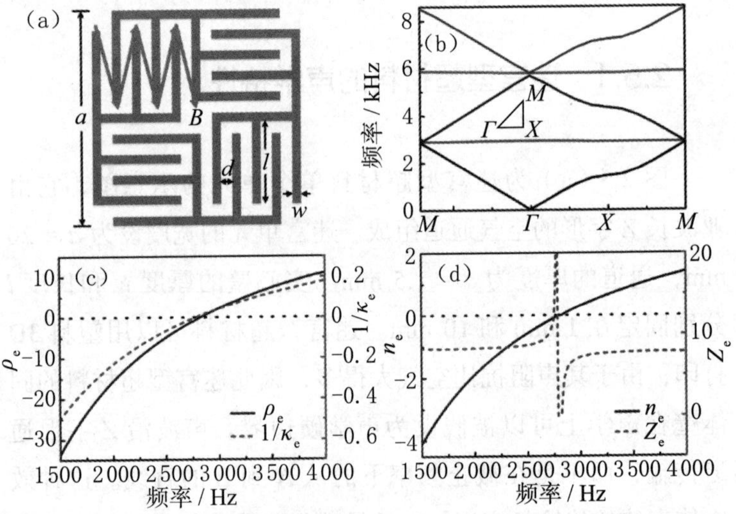

图 2.5　迷宫型超材料的相关示意图和参数图

注：(a) 迷宫型超材料的示意图；(b) 单个单元的能带结构图；(c) 有效密度（实线）和体模量倒数（虚线）的实部随频率的变化情况；(d) 有效折射率（实线）和阻抗（虚线）的实部随频率的变化情况。所有的有效声学参数都是相对于空气的。

2.5.2　含理想缺陷时的仿真结果

在下面的研究中，本书证明了迷宫型 ZIMs 可以用来操控声传输。在波导中，区域 1 用迷宫型 ZIMs 实现。工作频率固定在 2 892 Hz，迷宫型 ZIMs 的有效折射率在该频率接近零。ZIMs 区域的几何尺寸是 $15a \times 6a$，而矩形缺陷的几何尺寸是 $a \times 2a$。

图 2.6（a）为含有理想软缺陷的迷宫型 ZIMs 波导的声压场分布。入射声波完全被含有缺陷的 ZIMs 阻挡，从而发生全反射。图 2.6（b）为利用有限元方法计算得到的声压场分布，该情况下迷宫型 ZIMs 含一个理想硬缺陷。如图中仿真结果所示，入射声波完全地透过 ZIMs。图中下半部分绘制了声压在波导上边界处的相位分布。可以发现，声压在 ZIMs 区域的左右边界处的波相位分别是 -0.01π 和 -0.10π。ZIMs 区域左右边界处小的相位差可能是由于迷宫型 ZIMs 的相速度非常大但不是无限的，因此，在误差允许范围内，声压在 ZIMs 区域的左右边界处是连续的。等效地说，声波在 ZIMs 中传播时，不会经历空间相位变化。因此，硬缺陷内部的任何物体都无法通过声波感知外界环境，这意味着含有硬缺陷的迷宫型 ZIMs 可以起到声隐身的作用。进一步的研究表明，全透射效应只能发生在狭窄的频率范围和小角度入射范围内。以图 2.6（b）所示的仿真为例，如果工作频率偏离 2 892 Hz 或者入射方向变得倾斜，则传输幅度显著下降，全透射效应消失。对频率的敏感性

来源于 ZIMs 窄的工作频带，而对入射方向的敏感性则来自背景主媒质与 ZIMs 之间全反射的小临界角。

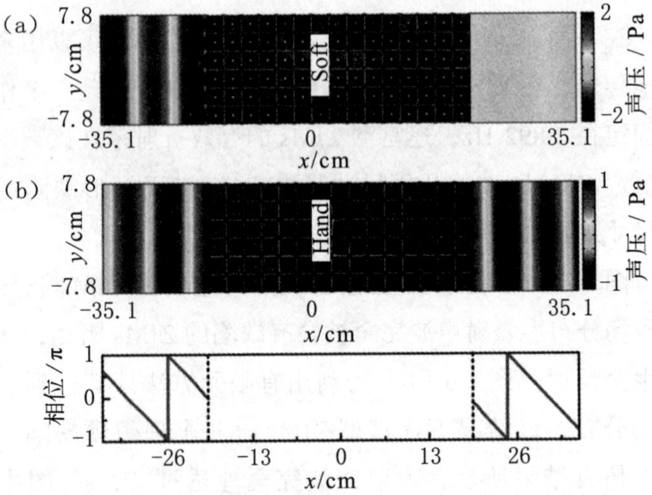

图 2.6　不同情况下，迷宫型 ZIMs 波导的声压场分布

注：(a) 理想软缺陷和 (b) 理想硬缺陷的声压场分布；图 (b) 的下半部分线图为声压在波导上边界处的相位分布；全反射和全透射可以分别从图 (a) 和图 (b) 中观察到。

2.5.3　含普通缺陷时的仿真结果

最后，本书研究了普通矩形缺陷对声传输的调控。将迷宫型 ZIMs 中的矩形缺陷设置为一个普通缺陷。不失一般性，将其密度设置为 $\rho_2=\rho_0$。改变矩形缺陷的体模量 κ_2，计算得到的透射率（$|T|$）随 κ_2 的变化曲线如图 2.7

（a）所示。随着 κ_2 从 $0.02\kappa_0$ 增加到 $0.7\kappa_0$，$|T|$ 的变化情况为 $0.52 \rightarrow 1 \rightarrow 0 \rightarrow 0.49$。对于某些特定的体模量值，曲线不是那么平滑，这可能是由矩形缺陷的共振引起的。透射率 $|T|$ 的变化完整的覆盖整个 [0, 1] 范围，这表明通过调整普通矩形缺陷的声学参数，可以完整地调控声波的透射率，实现任意的透射情况。特别的，当 $\kappa_2 = 0.56\kappa_0$ 时，$|T| \approx 0$，此时发生全反射现象；当 $\kappa_2 = 0.05\kappa_0$ 时，$|T| \approx 1$，此时发生全透射现象。

图 2.7（b）中绘制了当 $\kappa_2 = 0.56\kappa_0$ 时利用有限元方法得到的声压场分布。入射波被内含缺陷体模量为 $\kappa_2 = 0.56\kappa_0$ 的 ZIMs 完全反射（$|T| \approx 0$）。区域 3 中的声压值趋于 0，没有明显的透射声场。仿真结果证实了全反射现象的发生。图 2.7（c）绘制了当 $\kappa_2 = 0.05\kappa_0$ 时利用有限元方法得到的声压场分布。可以发现，入射声波完全地透过了迷宫型 ZIMs。图中下半部分绘制了声压在波导上边界处的相位分布。从图中可以发现，声波在 ZIMs 区域的左右边界处的相位分别为 0.01π 和 -0.09π，入射波完全通过 ZIMs 而不会改变振幅（$|T| \approx 1$）。声压在迷宫型 ZIMs 区域的左右边界处可近似为连续。

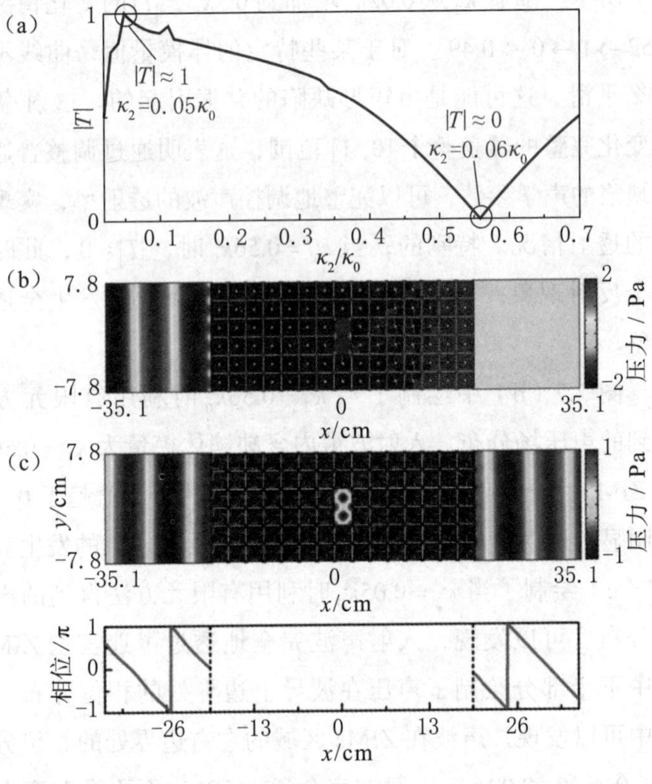

图 2.7　含普通缺陷的仿真结果图

注：(a)迷宫型 ZIMs 波导的传输幅度随缺陷体模量(κ_2)的变化情况；(b) $\kappa_2 = 0.56\kappa_0$和 (c) $\kappa_2 = 0.05\kappa_0$时 ZIMs 波导的声压场分布；在所有情况下，$\rho_2 = \rho_0$；图(c)的下半部分线图为声压在波导上边界处的相位分布；全反射和全透射可以分别从图(b)和(c)中观察到。

2.6　本章小结

本章研究了在 ZIMs 波导中嵌入矩形缺陷的声传输。通过理论分析，推导出了波导的传输系数，并进行数值模拟验证了理论分析。通过在理想 ZIMs 中引入合适的矩形缺陷，可以实现全反射、全透射和声隐身效应。另外，本章采用了一种迷宫型超材料，在一定的频率范围内，其有效质量密度和体模量倒数同时接近零，从而从实际上实现了 ZIMs 波导。数值模拟表明，通过调整嵌入缺陷的声学参数，迷宫 ZIMs 波导的传输幅度可以覆盖整个 [0, 1] 范围，导致了有趣的传输特性。对于普通缺陷，其体模量为 $\kappa_2 = 0.56\kappa_0$ 和 $\kappa_2 = 0.05\kappa_0$ 时，在迷宫 ZIMs 波导中也可以分别实现全反射和全透射。迷宫型超材料具有紧凑的几何结构、较低的传输损耗及简单易加工等优点。通过将矩形缺陷嵌入到迷宫 ZIMs 中，为操控声传输提供了另一种方法，这可能有助于实验的实现，并在声隐身和声开关方面有潜在的应用价值。

第 3 章　周期性 PT 对称零折射率超材料波导中的异常声散射

3.1 引言

声学 ZIMs 因其所展示的新颖现象及潜在应用引起了越来越多的关注 [74-82]。然而，大多数先前的研究只考虑密度和体积模量的实部对声波传输的影响。实际上，密度和体积模量的虚部（表示增益或损耗）也可以调制声传输特性。考虑复数参数域中的声学特性为所谓的非厄米声学打开了一扇门。这里，厄米指的是保证能量守恒系统的哈密顿矩阵的数学性质。厄米矩阵只有实值特征值，因此，非厄米声学指的是能量可以被耗散或增加的情形。声学系统通常是非厄米的，因为损耗是普遍存在的。非厄米哈密顿矩阵通常具有复特征值。从数学上讲，有人发现非厄米系统违反了时间反转对称（即系统的能量随时间消散），但遵守宇称时间（parity-time，PT）对称，可以恢复实特征值谱。PT 对称的概念最初是在量子力学中提出的 [172]，最近被引入光学和声学材料的研究中 [173-186]。通过在材料中建立平衡的损耗和增益来满足 PT 对称条件，许多有趣的现象已经被证实，包括单向隐身 / 透明 [173,179]、相干完美吸收（coherent perfect absorber, CPA）[174,175] 和功率振荡 [193,194]。

最近，在具有 PT 对称 ZIMs 的电磁波导中观察到单向透明、CPA- 激光模式和法布里 - 佩罗（Fabry-Pérot, FP）共振等非凡效应 [195]。然而，这项研究只关注一个没有周期性的简单结构，并且 PT 对称的概念尚未被引入声学 ZIMs 的研究中。在本章中，研究了由无源介质层隔开的周期性 PT 对称 ZIMs 层组成的波导中的声散射问题。基于一致的解析推导和数值模拟，发现了一个 Exceptional 点（EP 点），它通常出现在 PT 对称系统 [173-186] 和非厄米系统 [196] 中。在 EP 点处，周期性 PT 对称 ZIMs 波导系统将产生 PT 对称相到 PT 对称破缺相之间的相变，并且伴随着单向透明现象的产生。在奇点处，周期性 PT 对称 ZIMs 波导系统工作于声相干完美吸收 - 激光模式。它既可以当作一个相干完美吸声体，完全吸收复振幅满足一定条件的两列相向入射波；又可当作一个声等效激光器，辐射出复振幅满足一定关系的两列能量很强的外向波。此外，在共振点处，周期性 PT 对称 ZIMs 波导系统表征出双向透明现象。该现象是由 FP 共振或平衡的增益 / 损耗所导致的。所有的 EP 点、奇点和共振点均可通过单独的或共同的调控几何参数来实现，规避了复杂的增益 / 损耗调控，有利于实验验证及相关应用。

3.2 周期 PT 对称 ZIMs 波导模型

一维声学 PT 对称系统通常具有复杂的本构参数，这些本构参数具有平衡的损耗和增益，比如复的体模量满足 $\kappa(x)=\kappa^{*}(-x)$，复的密度满足 $\rho(x)=\rho(-x)$ [179]。图 3.1 给出了所提出的周期性多层 PT 对称 ZIMs 波导系统的示意图。这里，m 对增益和损耗 ZIMs 层按一定的间隔排列，它们之间有 $2m-1$ 层无源介质。各无源介质层和 ZIMs 层的宽分别为 d 和 l，波导高度为 h。这种多层波导系统被浸入背景主媒质（最左侧和最右侧区域）中。该多层波导系统的基本周期由四个相邻层组成：一对增益和损耗 ZIMs 层和两个无源介质层。该多层波导系统总共由 m 个周期组成，其中最后一个（第 m 个）周期右边的无源介质层与背景主媒质层简并了。一个基本周期单元的宽度为 $W_0=2l+2d$，多层波导系统的总宽度为 $2ml+(2m-1)d$。因此，该周期系统可以视为一维声子晶体或光栅。

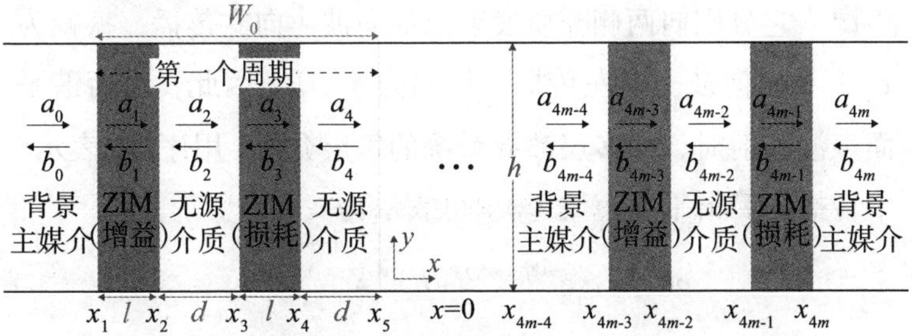

图 3.1　周期多层 PT 对称 ZIMs 波导系统示意图

为简单起见，背景主媒质和无源介质均为空气，密度为 $\rho_0=1.21$ kg/m^3，体积模量为 $\kappa_0=1.42\times10^5$ Pa。假设增益和损耗 ZIMs 的密度趋于零，即 $\rho_+=\rho_-=\alpha\rho_0$，$\alpha\to0$，而它们的复数体积模量分别取 $\kappa_+=\kappa_0/(\alpha+\mathrm{i}\delta)$ 和 $\kappa_-=\kappa_0/(\alpha-\mathrm{i}\delta)$，其中 δ 为 ZIMs 的增益 / 损耗系数。那么该多层波导系统的复折射率 $n(x)$ 服从 $n(x)=n^*(-x)$，满足

PT 对称（平衡的损耗和增益）的要求。声学增益可以通过有源电放大[180]、相干声源[181]和额外的气流[183]实验实现，尽管这些方案的实验设置比较复杂。

3.3　传输矩阵分析

考虑连续的、角频率为 ω 的简谐声波入射到图 3.1 所示的周期 PT 对称 ZIMs 波导系统中，到达稳态时，该多层波导系统的每个介质界面（位于 x_j）均可视作一个次级平面声源，它分别向两侧介质发射出前向波（向右传播，振幅为 a_j）和后向波（向左传播，振幅为 b_{j-1}）。因此，当简谐平面声波入射时，该多层波导系统的每层介质（用序号 j 表示）中传播的简谐平面声波（p）可表示为

$$p(x)=a_j\mathrm{e}^{-\mathrm{i}k_j(x-x_j)}+b_j\mathrm{e}^{\mathrm{i}k_j(x-x_j)} \tag{3.1}$$

其中，k_j 是第 j 层介质中的波数；a_j 和 b_j 分别是第 j 层介质中传播的前向波和后向波的振幅。为方便起见，这里省略了简谐声场的时间因子 $\mathrm{e}^{\mathrm{i}\omega t}$。特别地，$b_{4m}=0$ 和 $a_0=0$ 分别对应于一列简谐声波从左侧和右侧背景主媒质入射到该多层波导系统中的情况。相应地，第 j 层介质中的法向速度场可以表示为

$$v(x) = \frac{\mathrm{i}}{\omega\rho_j}\frac{\partial p(x)}{\partial x} \tag{3.2}$$

其中，ρ_j 表示第 j 层介质的密度；ω 为角频率。因为 ZIMs 的等效密度趋于零，为了保证其内的速度场为有限值，则声压场的梯度必须为零，即 $\partial p(x)/\partial x = 0$。也就是说，ZIMs 内的声压值必须为常数，不随空间坐标的变化而变化，因此其为准静态分布。

为了方便推导多层波导系统中的声场分布，定义了一个状态向量来描述第 j 层介质中的声场分布，它可以表示为

$$\boldsymbol{P}_j(x) = \begin{bmatrix} a_j \mathrm{e}^{-\mathrm{i}k_j(x-x_j)} \\ b_j \mathrm{e}^{\mathrm{i}k_j(x-x_j)} \end{bmatrix} \tag{3.3}$$

然后，根据公式（3.1）～公式（3.3），第 j 层介质中的声压场和速度场都可以用状态向量 $\boldsymbol{P}_j(x)$ 来表示。对于任意一个无源介质层（用序号 j 表示），它两侧边界（分别位于 x_j 和 x_{j+1}）处的声场有如下关系式：

$$\boldsymbol{P}_j(x_j) = \boldsymbol{M}_0 \boldsymbol{P}_j(x_{j+1}) \tag{3.4}$$

其中，矩阵 $\boldsymbol{M}_0 = \begin{bmatrix} \mathrm{e}^{\mathrm{i}k_0 d} & 0 \\ 0 & \mathrm{e}^{-\mathrm{i}k_0 d} \end{bmatrix}$；$k_0$ 表示无源介质的波数。为了推导相邻两个无源介质层（分别用序号 $j-1$ 和 $j+1$ 表示）中的声场分布关系，对 ZIMs 层（用序号 j 表示）应用质量守恒定量，再分别对 ZIMs 层和无源介质层的两个分界面（分别位于 x_j 和 x_{j+1}）应用声压连续性条件和法向速度连续性条件。最终得到相邻两个无源介质层中的声场分布关系：

$$\boldsymbol{P}_j(x_j) = \boldsymbol{M}_{+(-)}\boldsymbol{P}_j(x_{j+1}) \tag{3.5}$$

当 ZIMs 层为增益型时，矩阵 $\boldsymbol{M}_+ = \begin{bmatrix} 1+\chi & \chi \\ -\chi & 1-\chi \end{bmatrix}$；当 ZIMs 层为损耗型时，矩阵 $\boldsymbol{M}_- = \begin{bmatrix} 1-\chi & -\chi \\ \chi & 1+\chi \end{bmatrix}$，$\chi = -\delta k_0 l/2$ 是相对增益 / 损耗系数。

该多层波导系统最左侧和最右侧背景主媒质中的声场分布可分别表示为 $P_0(x) = \begin{bmatrix} a_0 \mathrm{e}^{-\mathrm{i}k_0(x-x_1)} \\ b_0 \mathrm{e}^{\mathrm{i}k_0(x-x_1)} \end{bmatrix}$ 和 $P_{4m}(x) = \begin{bmatrix} a_{4m} \mathrm{e}^{-\mathrm{i}k_0(x-x_{4m})} \\ b_{4m} \mathrm{e}^{\mathrm{i}k_0(x-x_{4m})} \end{bmatrix}$。直接按序号依次级联公式（3.4）和式（3.5），可以得出多层波导系统最左侧和最右侧背景主媒质中的声场分布关系式：

$$\boldsymbol{P}_0(x_1) = \boldsymbol{M}\boldsymbol{P}_{4m}(x_{4m}) \tag{3.6}$$

其中，矩阵 $\boldsymbol{M} = (\boldsymbol{M}_+\boldsymbol{M}_0\boldsymbol{M}_-\boldsymbol{M}_0)^m \boldsymbol{M}_0^{-1} = \begin{bmatrix} M_{1,1} & M_{1,2} \\ M_{2,1} & M_{2,2} \end{bmatrix}$ 为所研究的周期多层 PT 对称 ZIMs 波导系统的总传递矩阵。将矩阵 $\boldsymbol{M}_+$、$\boldsymbol{M}_-$ 和 $\boldsymbol{M}_0$ 代入传递矩阵 M 的表达式，便可以得到总传递矩阵 $\boldsymbol{M}$ 的四个基本分量（$M_{1,1}$、$M_{1,2}$、$M_{2,1}$、$M_{2,2}$）。它们的具体表达式较为复杂，不便在这里展示。

当一列简谐平面声波从左侧（用下标 L 表示）或右侧（用下标 R 表示）背景主媒质入射到多层波导系统时，即边界条件分别满足 $b_{4m} = 0$ 或 $a_0 = 0$ 时，该周期 PT 对称 ZIMs 波导系统的复声压透射系数（t_L 或 t_R）和复声压反射系数（r_L 或 r_R）可分别用传递矩阵 $\boldsymbol{M}$ 的四个分量来表示：

$$t = t_L = t_R = \frac{1}{M_{1,1}}\text{，}r_L = \frac{M_{2,1}}{M_{1,1}}\text{，}r_R = -\frac{M_{1,2}}{M_{1,1}} \tag{3.7}$$

式（3.7）表明，该 PT 对称 ZIMs 波导系统的声压透射系数（t）总是相等的，无论是左入射还是右入射情况。即 PT 对称 ZIMs 波导系统的声压透射系数与入射方向无关。然而，左入射和右入射时的声压反射系数一般情况下是不同的，这就导致了与 PT 对称相关的不对称散射。

PT 对称 ZIMs 波导系统的两个外向波和两个相向波之间的关系可由散射矩阵 $\boldsymbol{S}$ 来表示，即 $\begin{bmatrix} a_{4m} \\ b_0 \end{bmatrix} = \boldsymbol{S}\begin{bmatrix} b_{4m} \\ a_0 \end{bmatrix}$。基于式（3.7）所表达的透射系数（$t$）和反射系数（$r_L$ 和 r_R），PT 对称 ZIMs 波导系统的散射矩阵 $\boldsymbol{S}$ 可以表示为

$$\boldsymbol{S} = \begin{bmatrix} t & r_R \\ r_L & t \end{bmatrix} \tag{3.8}$$

该散射矩阵 $\boldsymbol{S}$ 具有两个特征值 $\lambda_{\pm} = t \pm \sqrt{r_L r_R}$。PT 对称波导系统的广义统一性关系可表示为[197]

$$r_L r_R^* = 1 - |t|^2 \tag{3.9}$$

这导致了广义能量守恒关系：

$$|T - 1| = R_L R_R \tag{3.10}$$

其中，$T = |t|^2$ 表示 PT 对称 ZIMs 波导系统的声能量透射率；反射率 $R_{L(R)} = |r_{L(R)}|^2$ 分别表示系统在左侧入射或右侧入射时的声能量反射率。

为了便于讨论，在本章的后续讨论中设定该 PT 对称 ZIMs 波导系统总共具有两个周期，即 $m = 2$。该 PT 对称

ZIMs 波导系统的传递矩阵 $\boldsymbol{M}$ 的四个基本分量可分别表示为

$$M_{1,1}=(1-\chi^2)^2\mathrm{e}^{3\mathrm{i}k_0d}+2\chi^2(1-\chi^2)\mathrm{e}^{\mathrm{i}k_0d}+[\chi^4-4\chi^2(1-\chi^2)\sin^2(k_0d)]\mathrm{e}^{-\mathrm{i}k_0d}$$
$$M_{1,2}=-4\mathrm{i}\chi(1+\chi)\sin(k_0d)[(1-\chi^2)\cos(2k_0d)+\chi^2]$$
$$M_{21}=-4\mathrm{i}\chi(1-\chi)\sin(k_0d)[(1-\chi^2)\cos(2k_0d)+\chi^2]$$
$$M_{2,2}=(1-\chi^2)^2\mathrm{e}^{-3\mathrm{i}k_0d}+2\chi^2(1-\chi^2)\mathrm{e}^{-\mathrm{i}k_0d}+[\chi^4-4\chi^2(1-\chi^2)\sin^2(k_0d)]\mathrm{e}^{\mathrm{i}k_0d}$$

（3.11）

从式（3.11）可以看出，$\det\boldsymbol{M}=1$，$M_{2,2}=M_{1,1}^*$，$M_{1,2}$ 和 $M_{2,1}$ 都是纯虚数，这与之前的研究结果一致[197]。将式（3.11）代入式（3.7），可以得到 PT 对称 ZIMs 波导系统的声压透射系数和反射系数。

$$t=\frac{1}{(1-\chi^2)^2\mathrm{e}^{3\mathrm{i}k_0d}+2\chi^2(1-\chi^2)\mathrm{e}^{\mathrm{i}k_0d}+[\chi^4-4\chi^2(1-\chi^2)\sin^2(k_0d)]\mathrm{e}^{-\mathrm{i}k_0d}}$$
$$r_{\mathrm{L}}=\frac{-4\mathrm{i}\chi(1-\chi)\sin(k_0d)[(1-\chi^2)\cos(2k_0d)+\chi^2]}{(1-\chi^2)^2\mathrm{e}^{3\mathrm{i}k_0d}+2\chi^2(1-\chi^2)\mathrm{e}^{\mathrm{i}k_0d}+[\chi^4-4\chi^2(1-\chi^2)\sin^2(k_0d)]\mathrm{e}^{-\mathrm{i}k_0d}}$$
$$r_{\mathrm{R}}=\frac{4i\chi(1+\chi)\sin(k_0d)[(1-\chi^2)\cos(2k_0d)+\chi^2]}{(1-\chi^2)^2\mathrm{e}^{3\mathrm{i}k_0d}+2\chi^2(1-\chi^2)\mathrm{e}^{\mathrm{i}k_0d}+[\chi^4-4\chi^2(1-\chi^2)\sin^2(k_0d)]\mathrm{e}^{-\mathrm{i}k_0d}}$$

（3.12）

3.4 散射特性分析

式（3.12）表明，PT 对称 ZIMs 波导系统的声压透射系数和反射系数与参数 d、l 和 δ 均有关系。相比于增益 / 损耗系数 δ，几何参数 d 和 l 可以更方便地在实际系统中被调节。因此，本节主要讨论几何参数 d 和 l 的变化对 PT 对称 ZIMs

波导系统散射特性的调控作用，设定增益 / 损耗系数 δ 为一常数（ $\delta=0.2$ ）。此外，ZIMs 的工作频带通常很窄，因此设定系统工作在单频模式下，其对应的背景主媒质中的波长为 $\lambda_0=0.1\,\text{m}$ 。在这些设定条件下，PT 对称 ZIMs 波导系统的声压透射系数和反射系数就只与几何参数 d 和 l（分别表示无源介质层和 ZIMs 层的宽度）有关。式（3.12）还表明，PT 对称 ZIMs 波导系统的声能透射率和反射率均是关于 d 的周期函数，周期为 $0.5\lambda_0$ 。因此，在接下来的讨论中，几何参数 d 的变化范围只在一个周期内。对式（3.6）～式（3.12）进行仔细分析，可以发现，PT 对称 ZIMs 波导系统具有三种奇特的散射特性，下面分别进行讨论。

3.4.1　单向透明

当相对增益 / 损耗系数 $\chi=-1$ $\left(l=\dfrac{\lambda_0}{\delta\pi}\approx 1.5915\lambda_0\right)$ 时，从式（3.12）可以得到 PT 对称 ZIMs 波导系统的声能透射率和反射率分别为 $T=1$ 、 $R_{\text{R}}=0$ 、 $R_{\text{L}}=64\sin^2(k_0 d)$ 。其中，左向反射率 $R_{\text{L}}\neq 0$ 除非 $d=0.5n_1\lambda_0$（ n_1 为任一自然数）。这种情况对应于各向异性传输共振，即所谓的单向透明现象，并且 $\chi=-1$ 对应于 EP 点。

基于解析推导结果，图 3.2 分别绘制了 PT 对称 ZIMs 波导系统的声能透射率（T）、左向反射率（ R_{L} ）和右向反射率（ R_{R} ）随几何参数 d 和 l 的变化情况。图 3.2 ～图 3.4 中

的虚线代表 $l \approx 1.591\,5\lambda_0$（$\chi = -1$）时的情况。从图中可以发现，当 $l \approx 1.591\,5\lambda_0$ 时，声能透射率始终为 1，右向反射率始终为 0，左向反射率始终不为 0 除非 $d = 0.5n_1\lambda_0$。图 3.2 中展示的结果证明了该 PT 对称 ZIMs 波导系统在 $l \approx 1.591\,5\lambda_0$ 时发生了单向透明现象。当工作频率和增益 / 损耗系数均固定时，单向透明现象发生的条件只与几何参数 l（ZIMs 层的宽度）有关，与无源介质层的宽度 d 无关。此外，从图 3.2（a）中还可以发现，当 $l > 1.591\,5\lambda_0$（$\chi < -1$）时，声能透射率始终小于 1（$T < 1$）；当 $l < 1.591\,5\lambda_0$（$\chi > -1$）时，声能透射率始终大于等于 1（$T \geqslant 1$）。

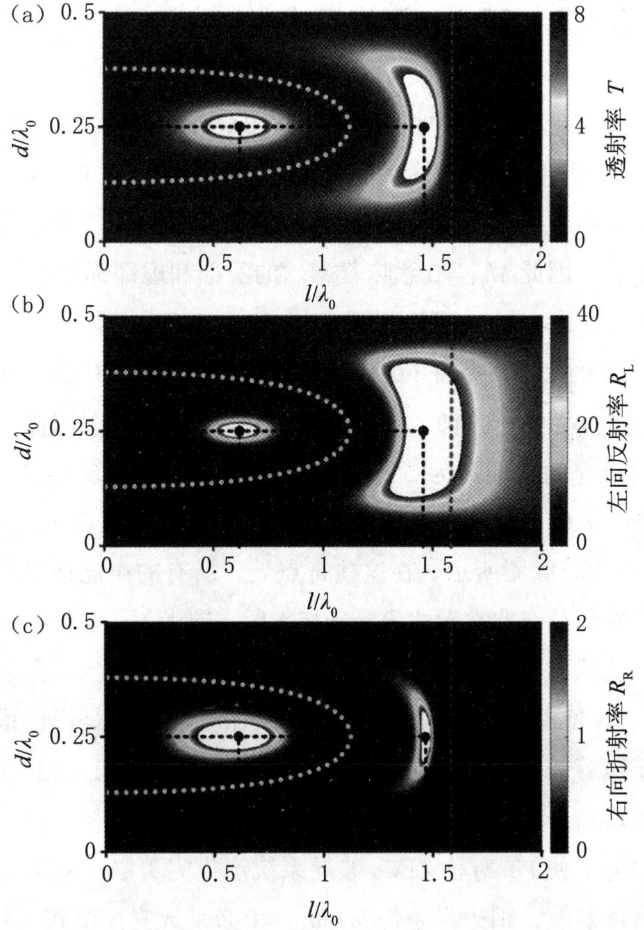

图 3.2　解析计算得到的 (a) 声能透射率、(b) 左向反射率和 (c) 右向反射率随几何参数 l 和 d 的变化情况

注：白色区域表示幅值超出颜色条范围；由于周期性，变量 d 的范围仅取 0 至 $0.5\lambda_0$。

3.4.2 CPA－激光模式

当式（3.12）中的分母等于0（$M_{1,1}=0$）时，所有的声能透射率和反射率均发散（$T\to+\infty$、$R_{\mathrm{L}}\to+\infty$、$R_{\mathrm{R}}\to+\infty$），此时对应于声等效激光模式。由于$M_{1,1}$是一个复数，因此$M_{1,1}=0$意味着$M_{1,1}$的实部和虚部都要等于0。由条件$\mathrm{Re}(M_{1,1})=0$可以得到$d=0.5(n_2+0.5)\lambda_0$，其中，n_2为任一自然数。由条件$\mathrm{Im}(M_{1,1})=0$可以得到两个有意义的解$\chi=-0.5\sqrt{2\pm\sqrt{2}}$，即$l\approx0.609\,1\lambda_0$或$l\approx1.470\,4\lambda_0$。因此，对于所研究的周期数为2的PT对称ZIMs波导系统而言，在每一个d的变化周期内具有2个奇点（$M_{1,1}$的零点），如图3.2中实心圆圈所示。在这些奇点处，所有的声能透射率和反射率都具有非常大的值，且与入射方向无关，这是由声等效激光模式所带来的放大现象所导致的。此外，结合条件$M_{1,1}=0$和式（3.6）可以得到$b_0=M_{2,1}a_{4m}$。也就是说，系统处于声等效激光模式时所激发的两列外向波之间是相干的，这两列相干波之间的复振幅满足$b_0=M_{2,1}a_{4m}$。

为了使PT对称ZIMs波导系统产生完美吸声效果，即没有反射波，则边界条件$b_0=a_{4m}=0$必须成立。由式（3.6）可知，条件$b_0=a_{4m}=0$的满足等效于同时满足$M_{2,2}=0$和$a_0=M_{1,2}b_{4m}$。$a_0=M_{1,2}b_{4m}$描述了当PT对称ZIMs波导系统产生完美吸声效果时两列相向的入射波的复振幅之间必须满足的关系，而$M_{2,2}=0$则描述了当PT对称ZIMs波导系统产生完美吸声效果时系统本身的几何参数必须满足的条件。因此，在 $M_{2,2}$ 的零点处，PT 对称 ZIMs 波导系统表现为声学 CPA，它能够完全吸收复振幅满足 $a_0 = M_{1,2}b_{4m}$ 的两列相向入射波。有趣的是，由于 $M_{2,2} = M_{1,1}^*$，因此 CPA 发生的条件（$M_{2,2} = 0$）与声等效激光模式发生的条件（$M_{1,1} = 0$）是完全等价的。综上所述，在这些奇点（即 $M_{1,1}$ 的零点）处，PT 对称 ZIMs 波导系统既可以当作一个相干完美吸声体，完全吸收复振幅满足 $a_0 = M_{1,2}b_{4m}$ 的两列相向入射波；又可当作一个声学等效激光器，辐射出复振幅满足 $b_0 = M_{2,1}a_{4m}$ 的两列能量很强的外向波，只要入射波不满足 $a_0 = M_{1,2}b_{4m}$。因此，在这些奇点处，该 PT 对称 ZIMs 波导系统运作在 CPA- 激光模式。该模式发生的条件既与几何参数 l（ZIMs 层的宽度）有关，也与无源介质层的宽度 d 有关。

值得一提的是，对于一个具有任意周期数为 m 的 PT 对称 ZIMs 波导系统而言，条件 $\mathrm{Re}(M_{1,1}) = 0$ 依然由 $d = 0.5(n_2 + 0.5)\lambda_0$ 所满足，但条件 $\mathrm{Im}(M_{1,1}) = 0$ 可以简化为 m 阶 χ^2 的方程，对于 $\chi < 0$，最终得到 m 个有意义的解。因此，具有任意周期数为 m 的 PT 对称 ZIMs 波导系统一共具有 m 个奇点（$M_{1,1}$ 的零点）。与没有周期性的 PT 对称波导系统相比 [195]，所提出的周期系统具有更多的奇点，因此可以在更多的几何参数条件下观察到 CPA- 激光模式的产生，有利于实验验证及相关应用。

3.4.3 双向透明

为了产生双向透明现象，声能量要完全透过PT对称ZIMs波导系统，同时不能有反射能量，即 $T=1$ 和 $R_L=R_R=0$ 同时成立。根据广义能量守恒关系式（3.10），当条件 $R_L=R_R=0$ 满足时，条件 $T=1$ 一定能得到满足，因此，PT对称ZIMs波导系统实现双向透明现象的条件简化为 $R_L=R_R=0$。从公式（3.12）中可以看出，条件 $R_L=R_R=0$ 等效于条件 $M_{1,2}=M_{2,1}=0$。基于式（3.11）所表示的传递矩阵的元素具体表达式，条件 $M_{1,2}=M_{2,1}=0$ 有两种有意义的解：$\cos(2k_0d)=\chi^2/(\chi^2-1)$ 和 $d=0.5n_3\lambda_0$（n_3 为任一自然数）。$d=0.5n_3\lambda_0$ 描述了一类FP共振点，对应于无源介质层的FP共振，该FP共振的发生与ZIMs层的宽度和入射方向均无关。从图3.2的上边界处（$d=0.5\lambda_0$）可以发现，声能透射率始终等于1，而左向和右向反射率始终等于0。因此，当无源介质层的宽度是入射波半波长的整数倍时，PT对称ZIMs波导系统发生FP共振现象，从而导致双向透明现象的产生。$\cos(2k_0d)=\chi^2/(\chi^2-1)$ 描述了另一类共振点，它是由平衡的增益和耗散导致的。这类共振的产生与ZIMs层和无源介质层的宽度均有关。进一步的分析表明，这种由平衡的增益和耗散导致的共振点一共有 $m-1$ 组。因此，这一类共振点不能在非周期性PT对称波导系统中观察到[195]。这一类共振点由图3.2中的弯曲点线表示。在共振点处，声能透射率总是等于1，而左向和右向反射率总等于0。综上所述，双向透明现象可以在 PT 对称 ZIMs 波导系统中通过两种方式观察到：单独调整无源介质层的宽度（对应于 FP 共振）；同时调整无源介质层和 ZIMs 层的宽度（对应于由平衡的增益和耗散导致的共振）。与没有周期性的 PT 对称波导系统相比[195]，周期性的 PT 对称 ZIMs 波导系统具有更多的共振点，因此可以在更多的几何参数条件下观察到双向透明现象，有利于实验验证及相关应用。

3.4.4　相位关系

基于式（3.12），可以进一步分析声压透射系数和反射系数之间的相位差关系。图 3.3（a）绘制了解析计算的左向反射系数和右向反射系数之间的相位差（$\varphi_{\mathrm{L}}-\varphi_{\mathrm{R}}$）随系统的几何参数 l 和 d 的变化关系。从图中可以发现，当 $l>1.5915\lambda_0$（$\chi<-1$）时，两个反射系数的相位相等，相位差为 0；当 $l<1.5915\lambda_0$（$\chi>-1$）时，两个反射系数之间的相位差为 π。

图 3.3（b）绘制了解析计算的左向反射系数和透射系数之间的相位差（$\varphi_{\mathrm{L}}-\varphi_{\mathrm{t}}$）随系统的几何参数 l 和 d 的变化关系，而图 3.3（c）绘制了右向反射系数和透射系数之间的相位差（$\varphi_{\mathrm{R}}-\varphi_{\mathrm{t}}$）随系统的几何参数 l 和 d 的变化关系。从图中可以发现，左向或右向反射系数和透射系数之间总是存在 ±π/2 的相位差。图中弯曲点线描述了产生双向透明现象时的共振点，即 $\cos(2k_0d)=\chi^2/(\chi^2-1)$。在这些共振点

处，左向反射系数和右向反射系数均趋近于 0，共振点两侧产生了 π 的相位跃变。因此，反射系数和透射系数之间的相位差在这些共振点处也产生了 π 的相位跃变。然而，在产生单向透明现象的 EP 点处，即 $l=1.5915\lambda_0$（$\chi=-1$），只有右向反射系数趋近于 0，同时产生了 π 的相位跃变。因此，$l=1.5915\lambda_0$ 时，只有右向反射系数和透射系数之间的相位差发生了 π 相变跃变，如图 3.3（c）所示。声压透射系数和反射系数之间的相位关系也可以由统一性关系 $r_L r_R^*=1-|t|^2$［公式（3.9）］推导出来。当 $T<1$（$l>1.5915\lambda_0$）时，两个反射系数必须同相，相位差为 0。当 $T>1$（$l<1.5915\lambda_0$）时，两个反射系数必须反相，即相位差为 π。这与图 3.3 中所示的结果一致。

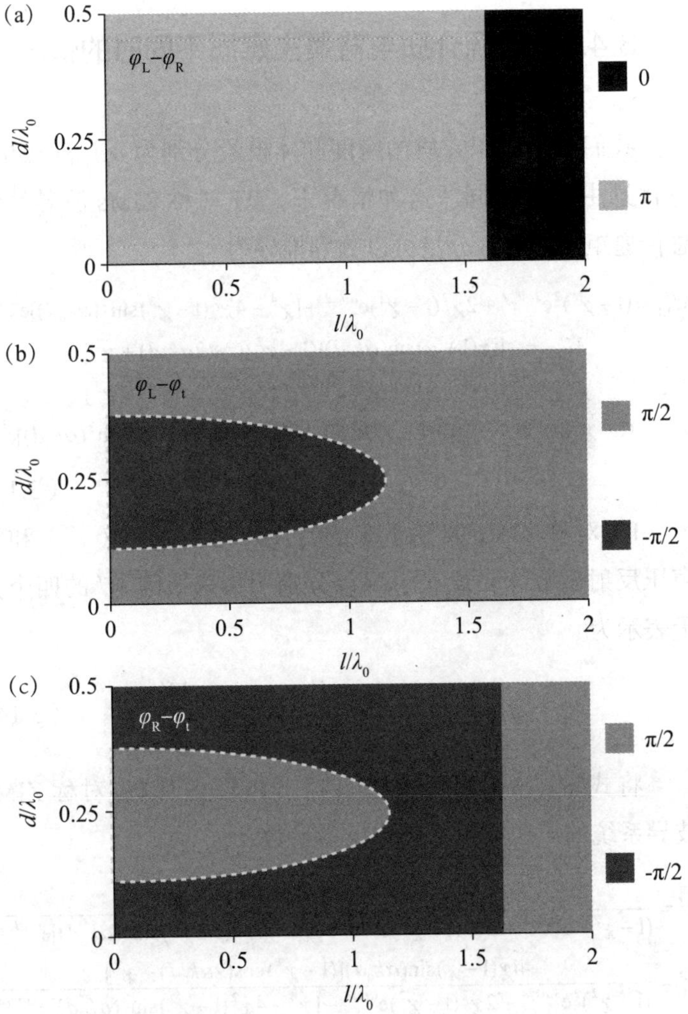

图 3.3　解析计算得到的 (a) 左向反射系数和右向反射系数、(b) 左向反射系数和透射系数、(c) 右向反射系数和透射系数之间的相位差随几何参数 l 和 d 的变化情况

3.4.5 无源介质与背景主媒质不同时的情况

我们假设无源介质的密度和体模量分别为 $\alpha\rho_0$ 和 κ_0/α，与背景主媒质不同。这种情况下，PT 对称 ZIMs 波导系统总传递矩阵的基本分量可以分别推导为

$$
\begin{aligned}
M'_{1,1} &= (1-\chi^2)^2 e^{3\alpha i k_0 d} + 2\chi^2(1-\chi^2)e^{i\alpha k_0 d} + [\chi^4 - 4\chi^2(1-\chi^2)\sin^2(\alpha k_0 d)]e^{-i\alpha k_0 d} \\
M'_{1,2} &= -4i\chi(1+\chi)\sin(\alpha k_0 d)[(1-\chi^2)\cos(2\alpha k_0 d)+\chi^2] \\
M'_{2,1} &= -4i\chi(1-\chi)\sin(\alpha k_0 d)[(1-\chi^2)\cos(2\alpha k_0 d)+\chi^2] \\
M'_{2,2} &= (1-\chi^2)^2 e^{-3\alpha i k_0 d} + 2\chi^2(1-\chi^2)e^{-i\alpha k_0 d} + [\chi^4 - 4\chi^2(1-\chi^2)\sin^2(\alpha k_0 d)]e^{i\alpha k_0 d}
\end{aligned} \tag{3.13}
$$

PT 对称 ZIMs 波导系统的复声压透射系数（t'）和复声压反射系数（r'_L 或 r'_R）可以分别用传递矩阵 $\boldsymbol{M}'$ 的四个分量表示为

$$
t' = \frac{1}{M'_{1,1}},\ r'_L = \frac{M'_{2,1}}{M'_{1,1}},\ r'_R = -\frac{M'_{1,2}}{M'_{1,1}} \tag{3.14}
$$

将式（3.13）代入式（3.14），可以得到 PT 对称 ZIMs 波导系统的声压透射系数和反射系数：

$$
\begin{aligned}
t' &= \frac{1}{(1-\chi^2)^2 e^{3\alpha i k_0 d} + 2\chi^2(1-\chi^2)e^{i\alpha k_0 d} + [\chi^4 - 4\chi^2(1-\chi^2)\sin^2(\alpha k_0 d)]e^{-i\alpha k_0 d}} \\
r'_L &= \frac{-4i\chi(1-\chi)\sin(\alpha k_0 d)[(1-\chi^2)\cos(2\alpha k_0 d)+\chi^2]}{(1-\chi^2)^2 e^{3\alpha i k_0 d} + 2\chi^2(1-\chi^2)e^{i\alpha k_0 d} + [\chi^4 - 4\chi^2(1-\chi^2)\sin^2(\alpha k_0 d)]e^{-i\alpha k_0 d}} \\
r'_R &= \frac{4i\chi(1+\chi)\sin(\alpha k_0 d)[(1-\chi^2)\cos(2\alpha k_0 d)+\chi^2]}{(1-\chi^2)^2 e^{3\alpha i k_0 d} + 2\chi^2(1-\chi^2)e^{i\alpha k_0 d} + [\chi^4 - 4\chi^2(1-\chi^2)\sin^2(\alpha k_0 d)]e^{-i\alpha k_0 d}}
\end{aligned} \tag{3.15}
$$

从式（3.15）可以发现，PT 对称 ZIMs 波导系统的声能

量透射率（$T' = |t'|^2$）和反射率（$R'_{\mathrm{L(R)}} = |r'_{\mathrm{L(R)}}|^2$）都是 d 的周期函数，周期为 $\lambda_0/2\alpha$。在本章的后续章节中，将 α 设定为 2。在这种情况下，也可以得到前面讨论的三种奇特的散射现象。

（1）当 $\chi = -1$，即 $l = \lambda_0/(\delta\pi) \approx 1.5915\lambda_0$ 时，对于 $d \neq n_4\lambda_0/2\alpha$（$n_4$ 为任一自然数），$T' = 1$，$R'_{\mathrm{R}} = 0$，$R'_{\mathrm{L}} \neq 0$。因此，当 $\chi = -1$ 时，PT 对称 ZIMs 波导系统发生单向透明现象。图 3.4 绘制了解析计算的声能透射率（T'）和反射率（R'_{L} 和 R'_{R}）随系统的几何参数 l 和 d 的变化关系。图 3.4 中的直虚线代表 $l \approx 1.5915\lambda_0$（$\chi = -1$）时的情况。从图中可以发现，声能透射率始终为 1，右向反射率始终为 0，左向反射率始终不为 0，除非 $d = 0.25n_1\lambda_0$。图 3.4 中展示的结果证明了该 PT 对称 ZIMs 波导系统在 $l \approx 1.5915\lambda_0$ 时发生了单向透明现象。（2）当 $d = (2n_5 + 1)\lambda_0/4\alpha$（$n_5$ 为任一自然数）并且 $\chi = -0.5\sqrt{2 \pm \sqrt{2}}$ 时，$M'_{1,1} = 0$，导致所有的声能透射率和反射率（T'，R'_{L} 和 R'_{R}）均趋近于无穷大，此时系统处于声等效激光模式。这些条件表明，在每一个 d 的变化周期内，该 PT 对称 ZIMs 波导系统存在两个奇点，如图 3.4 中的实心圆圈所示。（3）当 $d = n_6\lambda_0/2\alpha$（n_6 为任一自然数）或 $\cos(2\alpha k_0 d) = \chi^2/(\chi^2 - 1)$ 时，$T' = 1$，$R'_{\mathrm{L}} = R'_{\mathrm{R}} = 0$，PT 对称 ZIMs 波导系统发生双向透明现象。正如在图 3.4 的上边界处观察到的，当 $d = 0.25\lambda_0$（$n_6 = 1$）时，声能透射率为 1，左向和右向反射率都为 0。图 3.4 中的弯曲虚线描绘了双向透明现象发生的另一个条件，即 $\cos(2\alpha k_0 d) = \chi^2/(\chi^2 - 1)$。

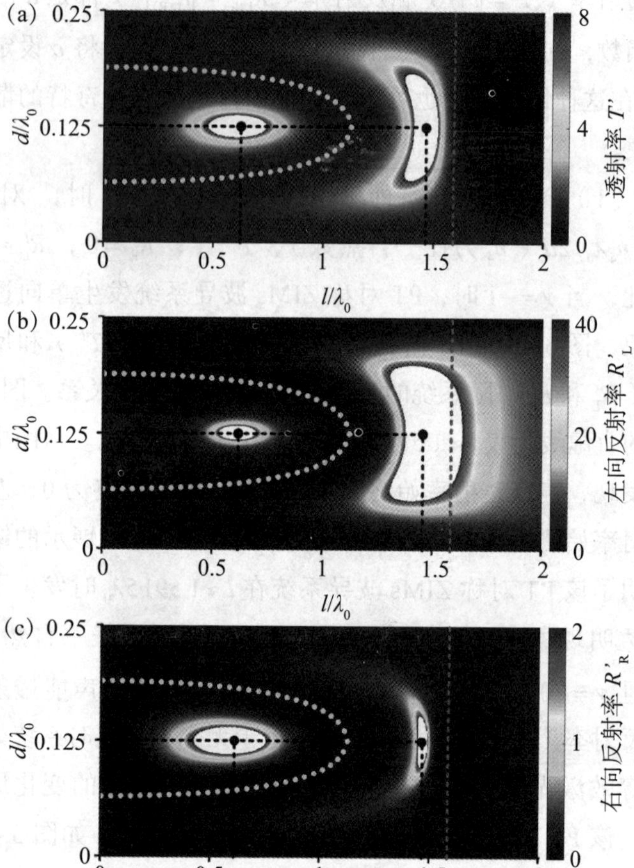

图 3.4　解析计算的 (a) 声能透射率T'、(b) 左向反射率R'_L和 (c) 右向反射率R'_R随几何参数 l 和 d 的变化情况（$\alpha=2$）

注：白色区域表示幅值超出颜色条范围；由于周期性，变量 d 的范围仅取 0 至$0.25\lambda_0$。

3.5　相图分析

PT 对称系统的相分布可由能量透射率 T 的值来判断[197]。根据式（3.8）和式（3.9），散射矩阵 $\boldsymbol{S}$ 的两个特征值可以表示为 $\lambda_{\pm}=t[1\pm \mathrm{i}\sqrt{(1-T)/T}]$。当 $T<1$（$\chi<-1$ 或 $l>1.5915\lambda_0$）时，散射矩阵 $\boldsymbol{S}$ 的两个特征值是非简并且单模的，即 $|\lambda_{\pm}|=1$。此时，系统处于 PT 对称相，如图 3.5 所示。当 $T>1$（$\chi>-1$ 或 $l<1.5915\lambda_0$）时，散射矩阵 $\boldsymbol{S}$ 的两个特征值是简并且非单模的，即 $\lambda_{\pm}=1/\lambda_{\pm}^{*}$。此时，系统处于 PT 对称破缺相。特别地，对于 $T=1$、$R_{\mathrm{R}}=0$ 且 $R_{\mathrm{L}}\neq 0$ 时，PT 对称系统发生单向透明现象。产生单向透明现象的条件 $\chi=-1$（$l\approx 1.5915\lambda_0$）对应于 EP 点。在该点处，系统将发生 PT 对称相到 PT 破缺相之间的相变。图 3.5 中的点线描述了由平衡的增益和损耗导致的共振点，此时 $T=1$ 且反射率均为 0，系统发生双向透明现象。值得一提的是，所有的奇点均分布于 PT 对称破缺相中。在每一个奇点处，散射矩阵 $\boldsymbol{S}$ 的两个特征值之一会趋近于 0，对应于声 CPA 模式，而另一个特征值发散，对应于声等效激光模式。

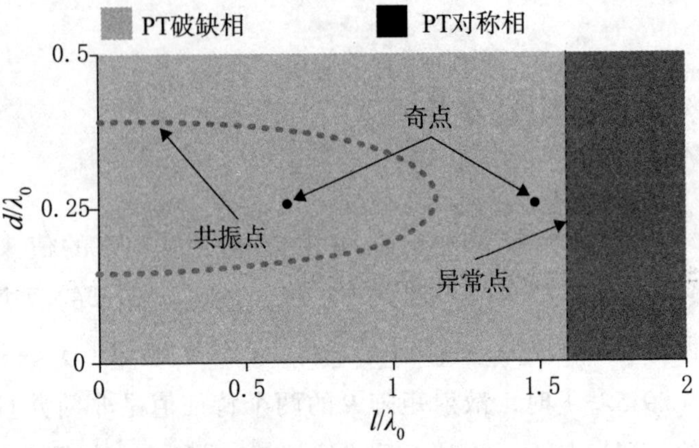

图 3.5　周期 PT 对称 ZIMs 系统的相图

3.6　数值仿真

为了验证解析结果的正确性，本节采用有限元法对 PT 对称 ZIMs 波导系统的声能透射率、反射率和声压场分布进行数值模拟。在数值模拟中，单端入射波的幅值设为 1 Pa，$d=1.25\lambda_0$，$h=2\lambda_0$，除非另有说明。图 3.6（a）绘制了解析计算和数值模拟的声能透射率随几何参数 l 的变化关系，而左向反射率和右向反射率的结果绘制在图 3.6（b）中。一致的解析结果（实线）和数值结果（空心符号）证实了基于传递矩阵法的解析分析的正确性。①当 $l\approx1.5915\lambda_0$ 时，声能透射率为 1，右向反射率为 0，左向反射率不等于 0。因此，在 $l \approx 1.5915\lambda_0$ 处观察到单向透明现象。② 当 $l \approx 0.6091\lambda_0$ 或 $l \approx 1.4704\lambda_0$ 时，所有的声能透射率和反射率均出现峰值，表示 PT 对称 ZIMs 波导系统此时的透射率和反射率趋近于无穷大，这与声等效激光模式的放大效应有关。对于单端口入射，在这些奇点（$l \approx 0.6091\lambda_0$ 或 $l \approx 1.4704\lambda_0$）处，PT 对称 ZIMs 波导系统运作在声等效激光模式。③ 当 $l \approx 1.1254\lambda_0$ 时，声能透射率为 1，左向和右向反射率均为 0。在这种情况下，系统发生没有任何反射的全透射，与入射方向无关。

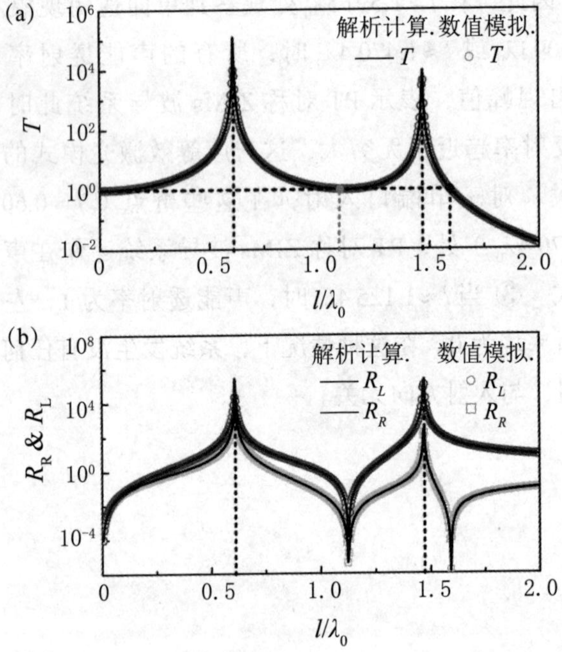

图 3.6　不同条件下声能透射率和反射率随几何参数 l（斜体）的变化情况

注：(a) 解析计算（实线）和数值模拟（圆圈）的声能透射率 T 随几何参数 l 的变化情况；(b) 解析计算（实线）和数值模拟（空心符号）的左向和右向反射率随几何参数 l 的变化情况；其中，$d=1.25\lambda_0$，即 $n_2=2$。

3.6.1　单向透明现象

图 3.7 绘制了 PT 对称 ZIMs 波导系统在 EP 点

（ $l \approx 1.5915\lambda_0$ ）处的数值模拟结果。当一列简谐平面声波从左侧背景主媒质入射到多层波导系统时 [见图 3.7（a）]，右侧背景主媒质中的透射声压幅值为 1 Pa（ $T_L = 1$ ），左侧背景主媒质中的声压幅值约为 8 Pa，波动 ±1 Pa，这是由入射波和反射波之间的干涉引起的，与解析预测的 $R_L = 64$ 一致。增益介质产生的能量没有被损耗介质完全吸收，因此产生强烈的反射。当一列简谐平面声波从右侧背景主媒质入射到多层波导系统时 [见图 3.7（b）]，声压幅值在整个波导内都是 1 Pa，即 $R_R = 0$ 和 $T_R = 1$ 。在这种情况下，增益介质产生的能量被损耗介质完全吸收，系统发生没有任何反射的全透射。图 3.7 清楚地证实了在 EP 点可以发生单向透明现象。

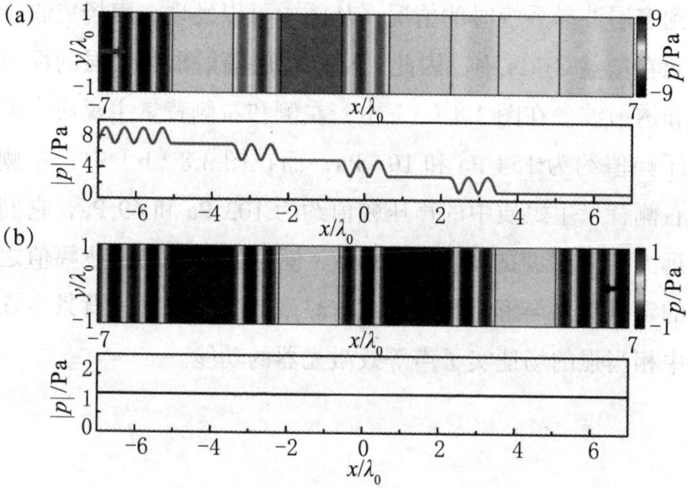

图 3.7　在 EP 点（ $l \approx 1.5915\lambda_0$ ）处发生单向透明现象

注：当 $d = 1.25\lambda_0$ 时，一列简谐平面声波从 (a) 左侧和 (b) 右侧背景主媒质入射到 PT 对称 ZIMs 波导系统时，系统的声压场分布（上图）和上边界处的声压幅度分布（下图）。

3.6.2 CPA－激光模式

1. 在奇点 $l=0.6091\lambda_0$ 处的声等效激光模式（单端入射波）

根据传递矩阵模型分析，在系统的奇点处，利用具有特定幅值和相位的双端口相干入射波（$a_0=M_{1,2}b_{4m}$），可以实现声 CPA 模式。而声等效激光模式可以在其他情况下实现（$a_0\neq M_{1,2}b_{4m}$）。图 3.8 绘制了 PT 对称 ZIMs 波导系统在奇点 $l=0.6091\lambda_0$、$d=1.25\lambda_0$ 处的数值模拟结果。图 3.8（a）和图 3.8（b）分别对应于平面波从左侧和右侧背景主媒质入射到多层波导系统时的情况。从图中可以发现，声场更趋于局限在增益 ZIMs 中。因此，从这些层辐射出非常强的反射波和透射波。在图 3.8（a）中，左侧和右侧背景主媒质中的声压幅值约为 154 Pa 和 103 Pa，而在图 3.8（b）中，左侧和右侧背景主媒质中的声压幅值约为 103 Pa 和 69 Pa，它们都远大于入射波的幅值（1 Pa）。模拟的两个出射波幅值之间的定量关系与解析预测的 $b_0=M_{2,1}a_{4m}$ 是一致的。背景主媒质中相当强的场证实了声等效激光器的功能。

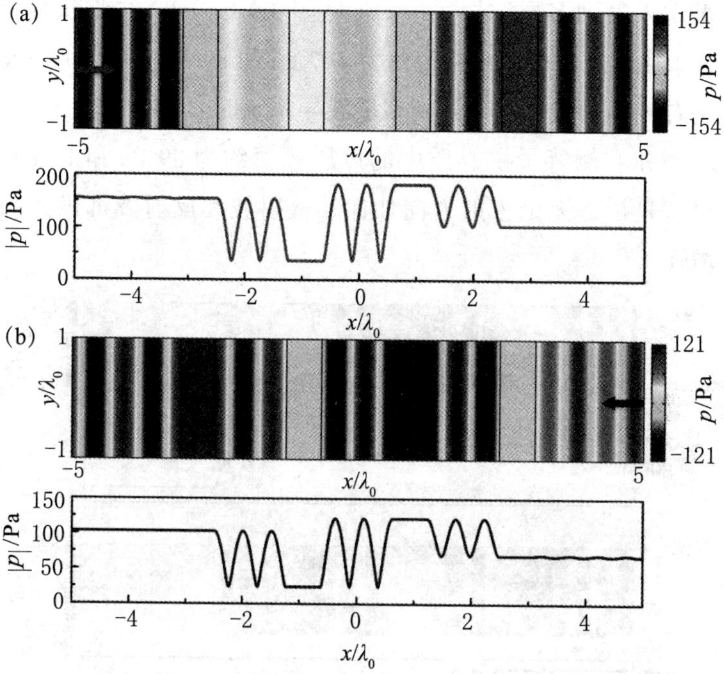

图 3.8　在奇点$l=0.609\,1\lambda_0$、$d=1.25\lambda_0$处实现声等效激光模式

注：声波从 (a) 左侧和 (b) 右侧背景主媒质入射到 PT 对称 ZIMs 波导系统时，系统的声压场分布（上图）和上边界处的声压幅度分布（下图）。

2. 在奇点 $l=1.470\,4\lambda_0$ 处的声等效激光模式（单端入射波）

声等效激光模式也可以在另一个奇点 $l=1.470\,4\lambda_0$ 处被激发。图 3.9（a）和图 3.9（b）分别绘制了周期 PT 对称 ZIMs 波导系统的声压场分布（上图）和上边界处的声压幅度分布（下图），分别对应于平面波从左侧和右侧背景主媒质入射到多层波导系统时的情况。当平面波从左侧背景主媒质入射到多层波导系统时 [见图 3.9（a）]，左侧和右侧背景主媒质中的声压幅值约为 447 Pa 和 89 Pa，而当平面波从右侧背景主媒质入射到多层波导系统时 [见图 3.9（b）]，左侧和右侧背景主媒质中的声压幅值约为 89 Pa 和 18 Pa。也就是说，无论入射方向如何，透射波和反射波都极大的增强。

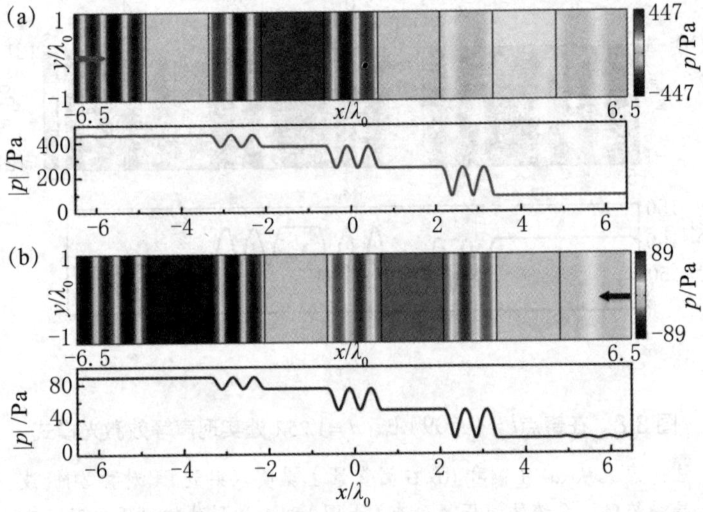

图 3.9　单端口入射时，在奇点$l = 1.470\,4\lambda_0$、$d = 1.25\lambda_0$处实现不同于图 3.8 的声等效激光模式

注：当一列简谐平面声波从 (a) 左侧和 (b) 右侧背景主媒质入射到 PT 对称 ZIMs 波导系统时，系统的声压场分布（上图）和上边界处的声压幅度分布（下图）。

3. 在奇点 $l = 0.609\,1\lambda_0$ 和 $l = 1.470\,4\lambda_0$ 处的声等效激光模式（双端口入射波）

当双端口入射波之间的关系不满足 $a_0 = M_{1,2}b_{4m}$ 时，声等效激光模式也可以在奇点激发。因此，在接下来的数值模拟中，设置两个端口处入射波之间的关系满足 $a_0 = |M_{1,2}|b_{4m}$，即这两个入射波的初始相位相等，但幅值不相等。在奇点 $l = 0.609\,1\lambda_0$、$d = 1.25\lambda_0$ 处，$M_{1,2} = -0.668\,2\mathrm{i}$。因此，将左右端口处入射波的幅值分别设为 1 Pa 和 1.496 6 Pa。在另一个奇点 $l = 1.470\,4\lambda_0$、$d = 1.25\lambda_0$ 处，$M_{1,2} = 0.198\,9\mathrm{i}$。因此，将两个端口处入射波的幅值分别设为 1 Pa 和 5.027 7 Pa。图 3.10（a）和图 3.10（b）分别绘制了在两个奇点处 PT 对称 ZIMs 波导系统的声压场分布（上图）和上边界处的声压幅度分布（下图）。在图 3.10（a）中，左侧和右侧背景主媒质中的声压幅值分别约为 218 Pa 和 146 Pa，而在图 3.10（b）中，左侧和右侧背景主媒质中的声压幅值分别约为 632 Pa 和 125 Pa，它们都比入射幅值大得多。图 3.10 中的结果表明，在奇点处，声等效激光模式也可以在双端口入射波入射的情况下发生。

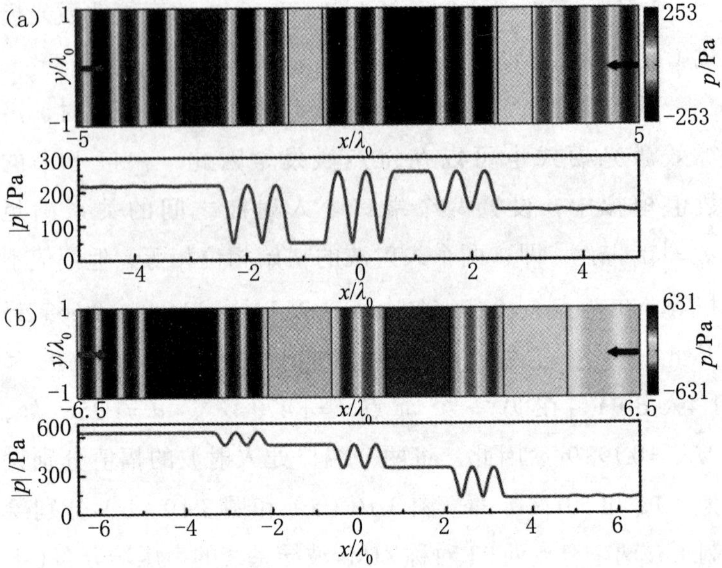

图 3.10　当双端口入射波之间的关系不满足$a_0 = M_{1,2}b_{4m}$时，在两个奇点 [(a) $l = 0.609\,1\lambda_0$、$d = 1.25\lambda_0$和 (b) $l = 1.470\,4\lambda_0$、$d = 1.25\lambda_0$] 处实现声等效激光模式

注：周期 PT 对称 ZIMs 波导系统的声压场分布（上图）和上边界处的声压幅值分布（下图）。

4. 在奇点 $l = 0.609\,1\lambda_0$ 处的声 CPA

下面来证明适当的双端口相干入射波可以在奇点处激发声 CPA。在奇点 $l = 0.609\,1\lambda_0$、$d = 1.25\lambda_0$ 处，$M_{1,2} = -0.668\,2\mathrm{i}$。因此，两个端口处的入射波需要满足的关系为 $a_0 = M_{1,2}b_{4m} = -0.668\,2\mathrm{i}b_{4m}$。在接下来的讨论中，将左右端口处入射波的幅值分别设为 1 Pa 和 1.496 6 Pa，两个入射波之间的相位差设为 $-\pi/2$。图 3.11 绘制了在该奇点处周期

PT 对称 ZIMs 波导系统的声压场分布（上图）和上边界处的声压幅度分布（下图）。在背景主媒质中没有明显的干涉图样，这意味着两个相干入射波被完全吸收。因此，PT 对称 ZIMs 波导系统在该奇点处确实表现为声 CPA。

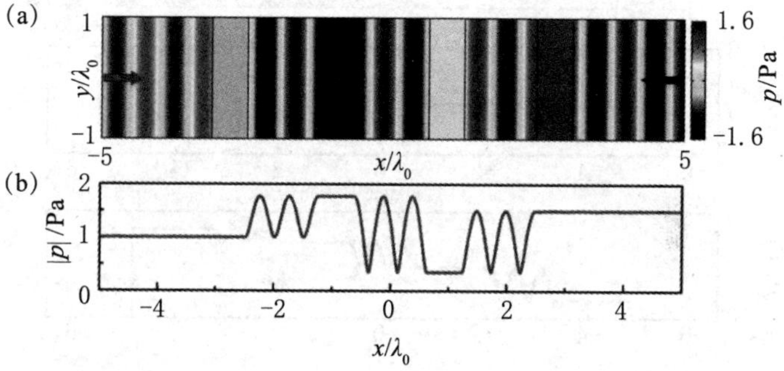

图 3.11　在奇点 $l=0.609\,1\lambda_0$、$d=1.25\lambda_0$ 处实现声 CPA

注：当双端口入射波之间的关系满足 $a_0=M_{1,2}b_{4m}$ 时，PT 对称 ZIMs 波导系统的 (a) 声压场分布和 (b) 上边界处的声压幅度分布。

5. 在奇点 $l=1.470\,4\lambda_0$ 处的声 CPA

声 CPA 模式也可以在另一个奇点 $l=1.470\,4\lambda_0$、$d=1.25\lambda_0$ 处被激发。在这种情况下，双端口入射声波之间需要满足的关系为 $a_0=0.198\,9\mathrm{i}b_{4m}$。因此，将左右端口处入射声波的幅值分别设为 1 Pa 和 5.027 7 Pa，这两个入射声波之间的相位差设为 π/2。图 3.12（a）绘制了在奇点 $l=1.470\,4\lambda_0$、$d=1.25\lambda_0$ 处的总声压场分布，图 3.12（b）和图 3.12（c）分别绘制了波导上边界处的总声压场和散射声压场的幅度分布。研究发现，周期 PT 对称 ZIMs 波导系统外的反射声波和透射声波均消失，这证实了声 CPA 模式确实出现在该波导系统中。图 3.8 ～图 3.12 验证了声 CPA - 激光模式的实现，这是单增益或损耗介质无法实现的。

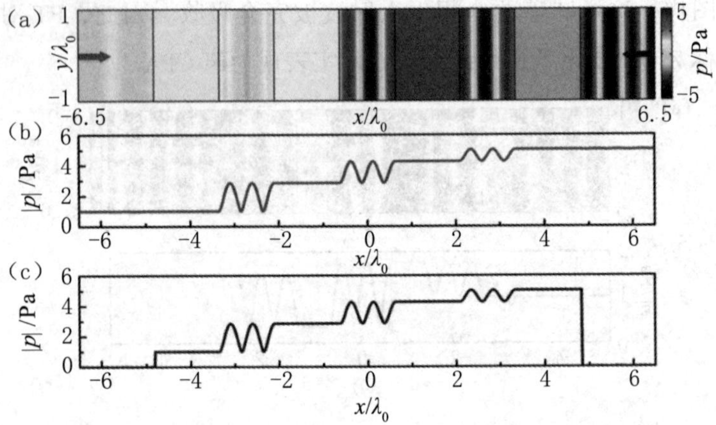

图 3.12　在奇点$l = 1.470\,4\lambda_0$、$d = 1.25\lambda_0$处实现的声 CPA

注：当双端口入射波之间的关系满足$a_0 = M_{1,2} b_{4m}$时，周期 PT 对称 ZIMs 波导系统的 (a) 总声压场分布；上边界处的 (b) 总声压幅度分布和 (c) 散射声压幅度分布。

3.6.3　双向透明效应

1. 平衡的耗散 / 增益诱导的双向透明

通过解析推导，双向透明可以在 $d = 0.5 n_3 \lambda_0$ 或 $\cos(2k_0 d) = \chi^2 / (\chi^2 - 1)$ 的条件下实现。这里，以 $l = 0.609\,1\lambda_0$ 、$d = 1.138\,1\lambda_0$ [满足 $\cos(2k_0 d) = \chi^2 / (\chi^2 - 1)$] 为例，进行数值仿真。图 3.13（a）和图 3.13（b）分别绘制了周期 PT 对

称 ZIMs 波导系统的声压场分布（上图）和上边界处的声压幅度分布（下图），分别对应于平面波从左侧和右侧背景主媒质入射到多层波导系统时的情况。从图中可以看出，声压场的幅值在背景主媒质中都是 1，证实了双向透明现象的发生。此外，声压幅度分布关于 $x = 0$ 对称，这表明增益 ZIMs 产生的能量被镜像的损耗 ZIMs 完全吸收，并且平衡的耗散和放大最终导致两侧发生全透射。

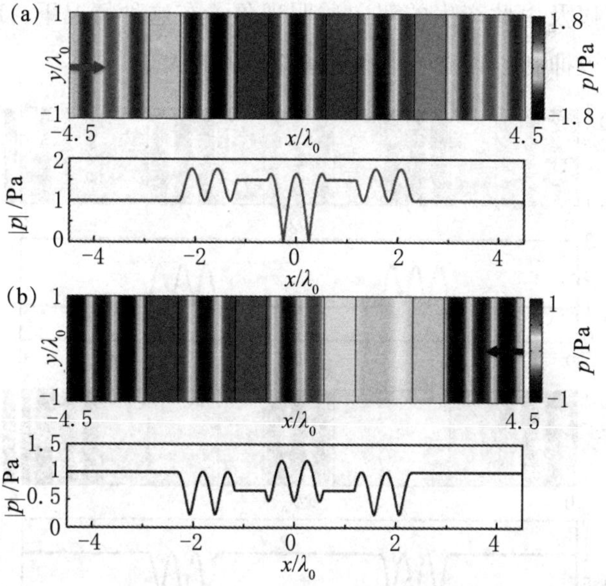

图 3.13　在 $l = 0.6091\lambda_0$、$d = 1.1381\lambda_0$ [满足 $\cos(2k_0 d) = \chi^2/(\chi^2 - 1)$] 处实现双向透明现象

注：当一列简谐平面声波从 (a) 左侧和 (b) 右侧背景主媒质入射到 PT 对称 ZIMs 波导系统时，系统的声压场分布（上图）和上边界处的声压幅度分布（下图）。

2. FP 共振诱导的双向透明

进一步的数值模拟证实，由于 FP 共振，双向透明现象也可以在另一个条件下（$d=0.5n_3\lambda_0$）发生。图 3.14 中给出了这种情况下的数值模拟结果，其中 $d=1.5\lambda_0$（$n_3=3$）。当平面声波分别从左侧和右侧背景主媒质入射到 PT 对称 ZIMs 波导系统时，背景主媒质和 ZIMs 层内部的声压场振幅都是 1，在无源介质层中出现了强烈的共振，这证实了 FP 共振的存在以及由此产生的双向透明现象。在这种情况下，PT 对称性被抑制，系统不产生能量耗散和放大。

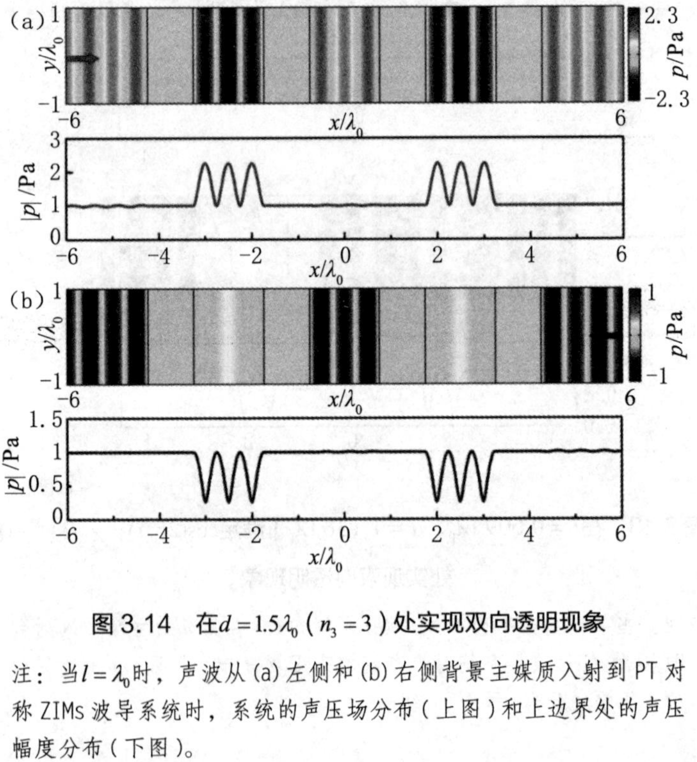

图 3.14　在 $d=1.5\lambda_0$（$n_3=3$）处实现双向透明现象

注：当 $l=\lambda_0$ 时，声波从 (a) 左侧和 (b) 右侧背景主媒质入射到 PT 对称 ZIMs 波导系统时，系统的声压场分布（上图）和上边界处的声压幅度分布（下图）。

3.7　声学 PT 对称 ZIMs 的理论设计

电介质缺陷嵌入到介电常数近零超材料中可以实现介电常数和磁导率同时近零的超材料。受电磁超材料的启发，本书在密度近零超材料（density-near-zero metamaterial, DNZM）中嵌入缺陷可以实现密度和体模量倒数同时近零的超材料。在 DNZM 中嵌入增益和损耗缺陷也许可以实现前面提到的 PT 对称 ZIMs。本节研究通过嵌入带有增益 / 损耗的缺陷到 DNZM 中来实际设计声学 PT 对称 ZIMs。进一步地，本书利用 EP 点处的单向透明现象来验证我们设计的正确性。

3.7.1　理论模型和解析方法

图 3.15（a）为 PT 对称 ZIMs 波导系统的示意图，为了便于讨论，本节设定该 PT 对称 ZIMs 波导系统具有 1 个周期，即 m=1。增益 ZIMs 层和损耗 ZIMs 层具有相同的宽度 l，它们之间为无源介质层，无源介质层的宽度为 d，波导高度为 h。该 PT 对称 ZIMs 波导系统被浸入到背景主媒质（最左侧和最右侧区域）中，波导的上下边界为声学硬边界。背景主媒质和无源介质均为空气，密度为 $\rho_0=1.21\ \mathrm{kg/m^3}$，体

积模量为 $\kappa_0 = 1.42\times10^5$ Pa。假设增益和损耗 ZIMs 的密度趋于零，即 $\rho_+ = \rho_- = \alpha\rho_0$， $\alpha \to 0$，而它们的复数体积模量分别取 $\kappa_+ = \kappa_0/(\alpha + \mathrm{i}\delta)$ 和 $\kappa_- = \kappa_0/(\alpha - \mathrm{i}\delta)$，其中 δ 为 ZIMs 的增益 / 损耗系数。由于 ZIMs 的工作频率范围很窄，在本节中，工作频率设置为 3 430 Hz，波长为 $\lambda = 0.1$ m。

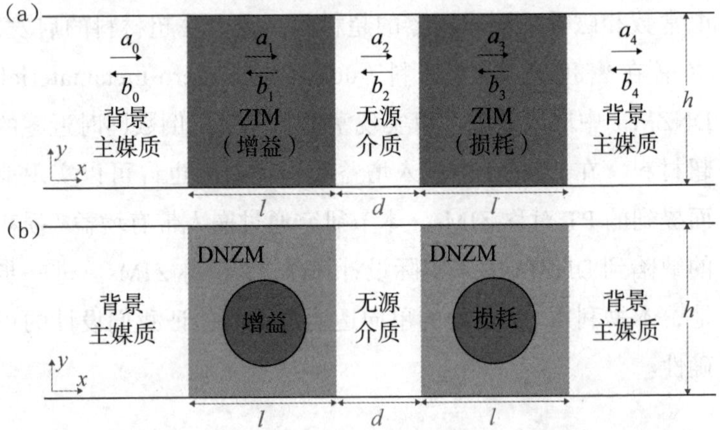

图 3.15　PT 对称 ZIMs 波导系统的示意图和含缺陷 DNZM 波导系统的示意图

注：（b）波导几何结构与 (a) 一致，除了用 DNZM 嵌入缺陷的复合结构替代理想的 PT 对称 ZIMs。

基于前面的求解过程，m=1 时，该 PT 对称 ZIMs 波导系统传递矩阵 $\boldsymbol{M}$ 的四个基本分量可分别表示为

$$
\begin{aligned}
M_{1,1} &= (1-\chi^2)\mathrm{e}^{\mathrm{i}k_0 d} + \chi^2\mathrm{e}^{-\mathrm{i}k_0 d} \\
M_{1,2} &= -2\mathrm{i}\chi(1+\chi)\sin(k_0 d) \\
M_{2,1} &= -2\mathrm{i}\chi(1-\chi)\sin(k_0 d) \\
M_{2,2} &= \chi^2\mathrm{e}^{\mathrm{i}k_0 d} + (1-\chi^2)\mathrm{e}^{-\mathrm{i}k_0 d}
\end{aligned} \tag{3.16}
$$

其中，$\chi=-\delta k_0 l/2$ 是相对增益 / 损耗系数。将式（3.16）代入式（3.7），可以得到 m=1 时，PT 对称 ZIMs 波导系统的声压透射系数和反射系数：

$$
\begin{aligned}
t &= \frac{1}{(1-\chi^2)\mathrm{e}^{\mathrm{i}k_0 d}+\chi^2\mathrm{e}^{-\mathrm{i}k_0 d}} \\
r_{\mathrm{L}} &= -\frac{2\mathrm{i}\chi(1-\chi)\sin(k_0 d)}{(1-\chi^2)\mathrm{e}^{\mathrm{i}k_0 d}+\chi^2\mathrm{e}^{-\mathrm{i}k_0 d}} \\
r_{\mathrm{R}} &= \frac{2\mathrm{i}\chi(1+\chi)\sin(k_0 d)}{(1-\chi^2)\mathrm{e}^{\mathrm{i}k_0 d}+\chi^2\mathrm{e}^{-\mathrm{i}k_0 d}}
\end{aligned}
\qquad (3.17)
$$

类似的结果也可以在下面的波导系统中实现，当 $\chi=-1$ 时，从式（3.17）可以得到 PT 对称 ZIMs 波导系统的声能透射率和反射率分别为 $T=1$、$R_{\mathrm{R}}=0$、$R_{\mathrm{L}}\neq 0$。这种情况对应于各向异性传输共振，即所谓的单向透明现象，并且 $\chi=-1$ 对应于 EP 点。当 $d=0.5(n_2+0.5)\lambda_0$（n_2 为任一自然数）并且 $\chi=-\frac{\sqrt{2}}{2}$ 时，PT 对称 ZIMs 波导系统工作于声相干完美吸收 - 激光模式；当 $d=0.5n_3\lambda_0$（n_3 为任一自然数）时，PT 对称 ZIMs 波导系统发生 FP 共振现象，从而导致双向透明现象的产生。

多年前，Silveirinha M. 等人发现在介电常数近零超材料中嵌入电介质缺陷可以获得介电常数和磁导率同时近零的超材料①。受电磁超材料的启发，在 DNZM（$\rho\to 0,\kappa=\kappa_0$）

① Silveirinha M, Engheta N. Design of matched zero-index metamaterials using nonmagnetic inclusions in epsilon-near-zero media[J]. Phys. Rev. B 75, 075119 (2007).

中嵌入缺陷可以实现密度和体模量倒数同时近零的超材料（$\rho \to 0, 1/\kappa \to 0$）。在 DNZM 中嵌入带有增益和损耗的缺陷，可以设计出声学 PT 对称 ZIMs。接下来，本研究通过在 DNZM 中嵌入带有增益和损耗的缺陷来实现声学 PT 对称 ZIMs。含增益和损耗缺陷 DNZM 波导系统的示意图如图 3.15（b）所示，除了用 DNZM 嵌入缺陷的复合结构替代理想的 PT 对称 ZIMs 之外，该波导系统和图 3.15（a）中的系统是一样的。

图 3.16（a）为含缺陷 DNZM 复合结构的示意图，DNZM 区域被设置为一个矩形，DNZM 区域的宽度和高度分别是 l 和 h，DNZM 区域的密度和体模量分别为 $\rho_1 = 10^{-4}\rho_0$，$\kappa_1 = \kappa_0$。这里只考虑一个缺陷，圆形缺陷的半径是 R，缺陷的密度和体模量分别为 ρ_{d} 和 $\kappa_{\mathrm{d}} = \kappa_0$。复合结构的总面积为 $A_t = hl$。

设 DNZM 区域内的声压场分布为 p_1，则其速度场分布为

$$v_1 = \frac{\mathrm{i}}{\rho_1 \omega} \nabla p_1 \tag{3.18}$$

由于 DNZM 区域的等效密度趋于零，即 $\rho_1 \approx 0$，为了保证 DNZM 区域内的速度场 v_1 为有限值，声压场 p_1 的梯度必须为零，即

$$p_1 = C \tag{3.19}$$

其中，C 为一常数。含缺陷 DNZM 复合结构的边界用 $\partial \Omega$ 表示，对边界 $\partial \Omega$ 应用质量守恒定律：

$$\oint_{\partial\Omega} v \cdot \mathrm{d}l = \int \frac{1}{\kappa}\frac{\partial p}{\partial t}\mathrm{d}s \tag{3.20}$$

式（3.20）的右边项可以表示为

$$\int \frac{1}{\kappa}\frac{\partial p}{\partial t}\mathrm{d}s = \frac{\mathrm{i}\omega \bar{p} A_t}{\kappa_0} \tag{3.21}$$

其中，$A_t = hl$ 为复合结构的总面积；$\bar{p}$ 为平均声压场。含缺陷 DNZM 复合结构的有效体模量为

$$\frac{1}{\kappa_{\mathrm{eff}}} = \frac{\oint_{\partial\Omega} v \cdot \mathrm{d}l}{\mathrm{i}\omega p_1 A_t} \tag{3.22}$$

缺陷的边界用 ∂D 表示，缺陷的内部阻抗可以表示为

$$Z_{\mathrm{d}} = \frac{\oint_{\partial D} v_{\mathrm{d}} \cdot \mathrm{d}l}{A_t p_1} \tag{3.23}$$

为了将复合结构的有效体模量与 Z_{d} 联系起来，对 DNZM 区域应用质量守恒定律：

$$\oint_{\partial\Omega} v \cdot \mathrm{d}l - \oint_{\partial D} v_{\mathrm{d}} \cdot \mathrm{d}l = \frac{\mathrm{i}\omega p_1 A_1}{\kappa_0} \tag{3.24}$$

其中，A_1 为 DNZM 区域的面积，$A_1 = A_t - \pi R^2$。将式（3.23）和式（3.24）代入式（3.22），可以得到

$$\frac{1}{\kappa_{\mathrm{eff}}} = \frac{1}{\kappa_0}\frac{A_1}{A_t} + \frac{Z_{\mathrm{d}}}{\mathrm{i}\omega} \tag{3.25}$$

缺陷内的声压场可以表示为

$$p_{\mathrm{d}} = p_1 \frac{J_0(k_{\mathrm{d}} r)}{J_0(k_{\mathrm{d}} R)} \tag{3.26}$$

其中，J_0 为第 0 阶 Bessel 函数；k_d 为缺陷的波数，$k_d=\omega\sqrt{\rho_d/\kappa_d}$。缺陷中的法向速度场分布为

$$v_d=\frac{p_1}{i\eta_d}\frac{J_1(k_d r)}{J_0(k_d R)} \tag{3.27}$$

其中，$\eta_d=\sqrt{\rho_d\kappa_d}$ 为缺陷的声阻抗。将式（3.27）代入式（3.23），可得缺陷的内部阻抗为

$$Z_d=\frac{2\pi R J_1(k_d R)}{i\eta_d A_t J_0(k_d R)} \tag{3.28}$$

所以，含缺陷 DNZM 复合结构的有效体模量可以求解为

$$\frac{1}{\kappa_{eff}}=\frac{1}{\kappa_0}\left[\frac{A_1}{A_t}+\frac{2\pi R J_1(k_d R)}{k_d A_t J_0(k_d R)}\right] \tag{3.29}$$

令 $\beta_{eff}=1/\kappa_{eff}$，$\beta_0=1/\kappa_0$，$\beta_{eff}$ 和 β_0 分别为有效体积压缩率和区域 0 的体积压缩率，所以式（3.29）可以改写为

$$\beta_{eff}=\beta_0\left[\frac{A_1}{A_t}+\frac{2\pi R J_1(k_d R)}{k_d A_t J_0(k_d R)}\right] \tag{3.30}$$

含缺陷 DNZM 复合结构的有效密度为 $\rho_{eff}\to 0$。从公式（3.30）可以看出，可以通过调整 DNZM 的几何形状以及圆形缺陷的参数来实现有效近零体积压缩率。比如，通过调整 DNZM 中嵌入缺陷的参数可以调节波导系统的传输系数①。进一步地，如果缺陷是具有增益和损耗的，即

① Wei Q，Cheng Y，Liu X J. Acoustic total transmission and total reflection in zero-index metamaterials with defects[J]. Applied Physics Letters，2013，102(17): 174104.

$\rho_d = \rho_0(\alpha \pm i\beta)$，那么 β_{eff} 将是一个复数，这有助于实现声学 PT 对称 ZIMs。假设缺陷具有相同的增益和损耗，比如 $\rho_d = \rho_0(4 \pm 0.01i)$，通过调整 DNZM 区域的宽度 l 以及圆形缺陷的半径 R，可以设计出声学 PT 对称 ZIMs：β_{eff} 的实部接近于零，虚部是所需要的值。为了证明这一想法，本研究利用 EP 点处的单向透明现象对结果进行验证。波导的高度设置为 $h = \lambda$，且 $\chi = -\delta k_0 l/2 = -1$，满足实现单向透明的条件。当 $l = 3.25\lambda$ 时，为了实现单向透明现象，$\delta = 2/k_0 l$ 对应的增益 / 损耗值是 0.097 9。首先把一个圆形损耗缺陷 [$\rho_d = \rho_0(4 - 0.01i)$] 嵌入 DNZM 中（ $l = 3.25\lambda$，$h = \lambda$ ），通过调整缺陷的半径，在含损耗缺陷的复合结构中，得到了含损耗的有效体积压缩率，如图 3.16（b）所示，其中，实线为 β_{eff}/β_0 的实部 [Re（ β_{eff}/β_0 ）]，虚线为 β_{eff}/β_0 的虚部 [Im（ β_{eff}/β_0 ）]。为了更清晰地观察结果，本研究将 Re（ β_{eff}/β_0 ）接近零的部分放大，如图 3.16（b）中插图所示，发现当 $R = 0.1938\lambda$ 时，Re（ β_{eff}/β_0 ）接近零，而 Im（ β_{eff}/β_0 ）近似等于 0.1。准确地来说，当 $R = 0.1938\lambda$ 时，$\text{Re}(\beta_{eff}/\beta_0) \approx 0.0036$，$\text{Im}(\beta_{eff}/\beta_0) \approx -0.0976$。同样地，如果将增益缺陷 [$\rho_d = \rho_0(4 + 0.01i)$] 嵌入 DNZM 中，当 $R = 0.1938\lambda$ 时，复合结构的有效体积压缩率为 $\text{Re}(\beta_{eff}/\beta_0) \approx 0.0036$，$\text{Im}(\beta_{eff}/\beta_0) \approx 0.0976$。因此，通过将增益和损耗缺陷嵌入 DNZM 中，可以获得带有增益和损耗的 ZIMs，于是设计出声学 PT 对称 ZIMs。

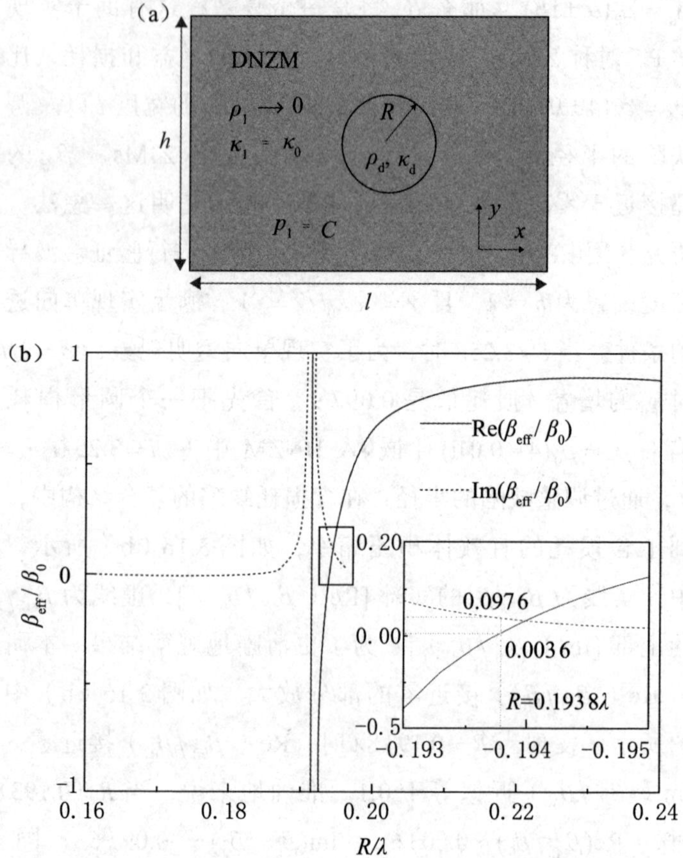

图 3.16　由 DNZM 和圆形缺陷组成的复合结构的示意图和有效体积压缩率的实部 / 虚部随损耗缺陷的半径 R 的变化情况

注：该复合结构的宽度为 l，高度为 h，圆形缺陷的半径为 R，缺陷的密度和体模量分别为 ρ_d 和 κ_d；图 (b) 中，实线为 β_{eff}/β_0 的实部，虚线为 β_{eff}/β_0 的虚部；(b) 中的插图是 β_{eff}/β_0 的实部接近零的放大结果，由 (b) 中的黑色方框标记。

3.7.2　数值仿真

为了验证解析结果的正确性，本研究采用有限元法进行验证。首先单独比较包含增益 / 损耗缺陷的 DNZM 的复合结构和具有增益 / 损耗的理想 ZIMs 之间的差异。DNZM 区域的密度和体模量分别为 $\rho_1=10^{-4}\rho_0$，$\kappa_1=\kappa_0$。对于含增益缺陷的 DNZM，声波从左侧入射时的声压场分布如图 3.17（a）所示，其中 DNZM 区域的宽度为 $l=3.25\lambda$，波导高度为 $h=\lambda$，缺陷的半径为 $R=0.1938\lambda$，缺陷的密度和体模量分别为 $\rho_{\rm d}=\rho_0(4+0.01{\rm i})$ 和 $\kappa_{\rm d}=\kappa_0$。而对于具有增益的理想 ZIMs，声波从左侧入射时，相应的声压场分布如图 3.17（b）所示，其中 ZIMs 的密度和体积模量分别为 $\rho=10^{-4}\rho_0$，$\kappa=\kappa_0/(0.0036+0.0976{\rm i})$，这是从图 3.16（b）的解析结果得到的。通过对比图 3.17（a）和图 3.17（b）的结果可以看出，含增益缺陷的 DNZM 与具有增益的理想 ZIMs 的声压场分布几乎相同，但增益介质的共振导致振幅略有不同。内部有损耗缺陷的 DNZM[$\rho_{\rm d}=\rho_0(4-0.01{\rm i})$，$\kappa_{\rm d}=\kappa_0$] 和具有损耗的理想 ZIMs[$\rho=10^{-4}\rho_0$，$\kappa=\kappa_0/(0.0036-0.0976{\rm i})$] 相应的声压场分布分别如图 3.17（c）和图 3.17（d）所示，两者的结果也是一致的。因此，通过在 DNZM 介质中引入具有增益 / 损耗的缺陷可以得到具有增益 / 损耗的 ZIMs。

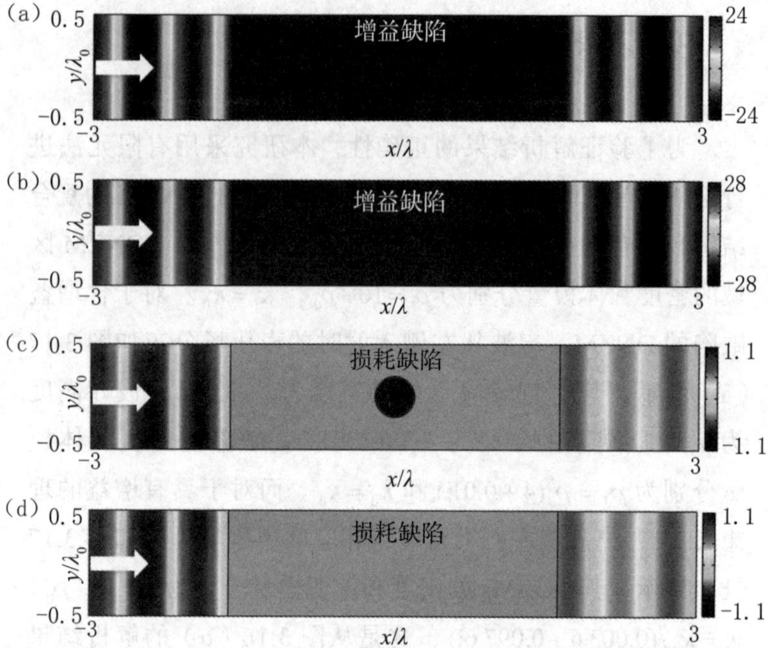

图 3.17　不同条件下的 DNZM 的声压场分布和 ZIMs 的声压场分布

注：(a)含增益缺陷的 DNZM 的声压场分布；(b)具有增益的理想 ZIMs 的声压场分布；(c)含损耗缺陷的 DNZM 的声压场分布；(d)具有损耗的理想 ZIMs 的声压场分布。

接下来，将根据图 3.15 所示的原理图，检验 PT 对称波导系统中的单向透明现象，这里，无源介质层设置为空气，它的宽度为 $d = 1.25\lambda$。平面声波从左侧背景主媒质入射到含增益 / 损耗缺陷的 DNZM 波导系统时，对应的声压场分布如图 3.18（a）所示。同时，将波导系统中含缺陷的 DNZM 区域替换为 PT 对称理想 ZIMs，相应的声压场分布如图 3.18（b）所示，可以发现，图 3.18（b）中的声压场分布与图 3.18（a）中的结果基本一致。为了量化这一对比，图 3.18（a）和图 3.18（b）的下半部分绘制了两种情况下波导上边界的声压幅度分布，可以看到，图 3.18（a）和图 3.18（b）中的声压幅度分布是一致的。特别地，波导左侧端口有一些反射，也就是 $R_L \neq 0$，而波导右侧端口的透射是 1，即 $T = 1$。

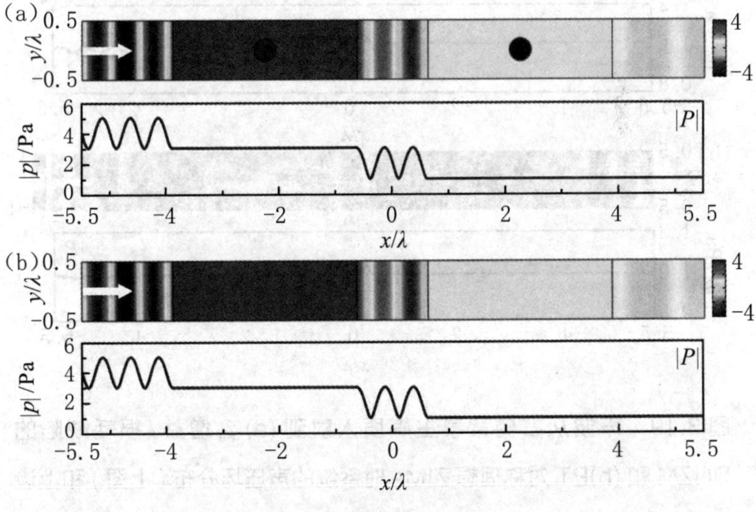

图 3.18　声波从左侧背景主媒质入射到 (a) 含增益 / 损耗缺陷的 DNZM 和 (b)PT 对称理想 ZIMs 时系统的声压场分布（上图）和上边界处的声压幅度分布（下图）

平面声波从右侧入射时，含增益 / 损耗缺陷的 DNZM 和 PT 对称理想 ZIMs 的声压场分布和波导上边界的声压幅度分布如图 3.19（a）和图 3.19（b）所示，发现相应的结果依旧是一致的。特别地，波导右侧端口没有反射波，也就是

$R_R = 0$，波导左侧的透射是 1，即 $T = 1$。因此，基于上述结果，单向透明现象可以通过在 DNZM 中嵌入增益 / 损耗缺陷来实现，这说明在 DNZM 中嵌入增益 / 损耗缺陷可以实现 PT 对称 ZIMs。

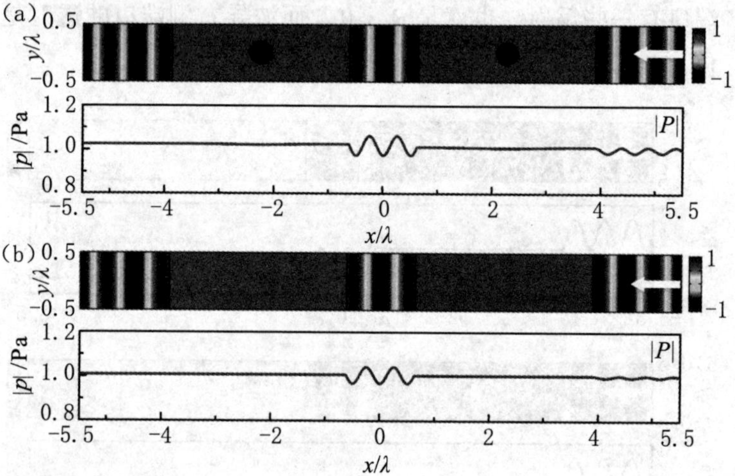

图 3.19　声波从右侧背景主媒质入射到 (a) 含增益 / 损耗缺陷的 DNZM 和 (b)PT 对称理想 ZIMs 时系统的声压场分布 (上图) 和上边界处的声压幅度分布 (下图)

为了证明这个波导系统的 EP 点，本研究在图 3.20（a）和图 3.20（b）中绘制了透射系数和反射系数随频率的变化情况，图 3.20（a）和图 3.20（b）分别对应于 PT 对称理想 ZIMs 和含增益 / 损耗缺陷的 DNZM 的结果。对于图 3.20(a）中理想 PT 对称 ZIMs 的情况，发现当 $f < 3\,430$ Hz 时，$T > 1$，$f > 3\,430$ Hz 时，$T < 1$，分别对应于 PT 破缺相和 PT 对称相；$f = 3\,430$ Hz 时，$T = 1$，该点是 PT 破缺相到 PT 对称

相的转变点，也就是 EP 点，在 EP 点处可以观察到单向透明现象。对于含有增益 / 损耗缺陷的 DNZM，由于频率的变化，导致 κ_{eff} 也随之发生变化。从图 3.20（b）中可以看出，$f = 3\ 430$ Hz 时，$T = 1$、$R_{\mathrm{R}} = 0$、$R_{\mathrm{L}} \neq 0$，单向透明现象出现在 $f = 3\ 430$ Hz 处。对于其他频率，由于空气和带有缺陷的 DNZM 复合结构之间阻抗不匹配，透射几乎为零。

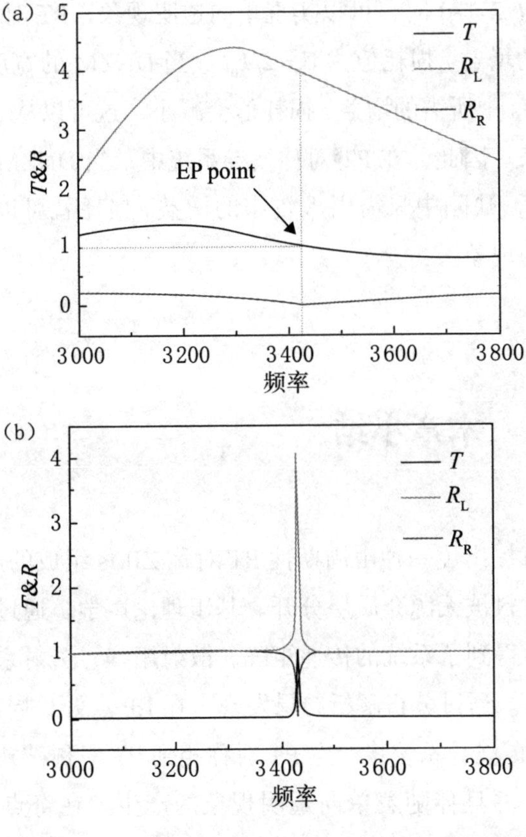

图 3.20　(a)PT 对称理想 ZIMs 和 (b) 含增益 / 损耗缺陷的 DNZM 波导系统中的透射系数和反射系数随频率的变化情况

从图 3.20（b）中的结果可以看出，有效体积压缩率的虚部（虚线）有一个共振峰。因此，利用缺陷的共振特性，在缺陷中引入微小的增益 / 损耗可以得到一个放大的增益 / 损耗。为了在本书提出的 PT 对称波导系统中实现一些有趣的现象，可以通过增加 DNZM 的宽度 l 来减小 PT 对称 ZIMs 所需的增益 / 损耗值。例如，当相对增益 / 损耗系数 $\chi=-\delta k_0 l/2=-1$ 时，可以实现单向透明现象，PT 对称 ZIMs 中所需的增益 / 损耗值为 $\delta=2/k_0 l$。当 DNZM 的宽度 l 增加时，ZIMs 中所需的增益 / 损耗值会减小，这可以从 $\delta=2/k_0 l$ 推导出来。因此，在 PT 对称波导系统中，当 DNZM 的宽度 l 较大时，缺陷中只需引入较小的增益 / 损耗就可以实现这些奇异的现象。

3.8 本章小结

本章提出了一种由周期性 PT 对称 ZIMs 组成的声波导，这些超材料被无源介质层分开。基于理论声学，通过严格的解析推导得到了系统的传递矩阵、散射矩阵、透射系数和反射系数等。通过分析解析结果发现，在 EP 点处，周期性 PT 对称 ZIMs 波导系统将产生 PT 对称相到 PT 对称破缺相之间的相变，并且伴随着单向透明现象的产生。在奇点处，PT 对称周期性波导系统工作于声相干完美吸收 – 激光模式。它既可以当作一个相干完美吸声体，完全吸收复振幅满足一定条件的两列相向入射波；又可当作一个声等效激光器，辐射出复振幅满足一定关系的两列能量很强的外向波。此外，在共振点处，周期性 PT 对称 ZIMs 波导系统表征出双向透明现象，该现象是由 FP 共振或平衡的增益和损耗所导致的。与之前没有周期结构的方案相比，本章所研究的周期性 PT 对称 ZIMs 波导系统拥有更多的奇点和共振点。所有的 EP 点、奇点、共振点均可通过单独或共同地调控几何参数来实现，这种方式规避了复杂的增益 / 损耗调控，有利于实验验证及相关应用。这项工作提供了另一种途径来研究 PT 对称性，在声学开关、吸声体、放大器、指向性功能器件等领域具有广阔的应用前景。此外，本章证明了在 DNZM 中引入增益 / 损耗缺陷可以实现 PT 对称 ZIMs，并利用 EP 点处的单向透明现象验证了设计的正确性。本章的方法也可以推广到非厄米声学中的其他现象，如声相干完美吸收 – 激光模式。

第 4 章　基于 FP 共振和零折射率超材料的声调控研究

4.1 引言

在过去的几年中，超材料因其操控声波的奇特能力而引起了人们的广泛关注。超材料的出现引发了许多有趣的现象，同时其有了更多新的应用，如负折射、隐形斗篷，以及基于超表面的新效应。零折射率超材料（zero index metamaterials, ZIMs）作为一类特殊的超材料，由于其特殊的声学特性，被广泛研究，其中包括密度近零超材料（density-near-zero metamaterial, DNZM）、密度和体模量倒数同时近零的超材料（index-near-zero metamaterial, INZM）。近零折射率保证了声波在 ZIMs 内均匀的声场，从而有望实现基于 ZIMs 的各种有趣的功能，例如不对称传输、声能量汇集、超分辨率成像和声波能流的任意调控等。

利用 ZIMs 控制波导的传输特性是其另一个有趣的功能。例如，可以通过调节嵌入在 ZIMs 中缺陷的几何参数和声学参数来控制波导系统的传输效率。2013 年，Wei 等人首次研究了声波在含缺陷的 ZIMs 中的传播情况，实现了声学全反射、全透射、超反射和声隐身等[75]。Wang 等人进一步将该系统中的流体缺陷推广为一般固体缺陷，也实现了声学全反射和全透射[76]。含缺陷 ZIMs 波导系统在声开关方面有潜在的应用价值。

另一种波导结构由两个平行波导通过狭窄的通道连接而

成，其传输效率一般很低[77-80]，且界面处的强散射破坏了波前 [见图 4.1（a）中的示意图]。通过在通道内填充 DNZM，声波可以在被挤压和隧穿后通过非常狭窄的通道，具有完整的波前和高透射率[81][见图 4.1（b）中的示意图]。然而，由于产生这种情况所需要的通道必须相当狭窄，因此用具有复杂结构的 DNZM 填充通道十分困难。在本章中，我们提出了一种新的波导结构来操控声波。我们用普通介质代替 DNZM 狭缝，同时保持连接部分为 INZM[见图 4.1（c）中的示意图]。我们通过解析和数值方法证明，在狭缝中填充不同的材料，以可控的方式操控传输是可行的。这种结构的关键物理机制是利用 INZM 将入射声波全部挤压到狭缝中，当狭缝中填充的材料满足 Fabry-Pérot（FP）共振条件时，可以实现全透射。

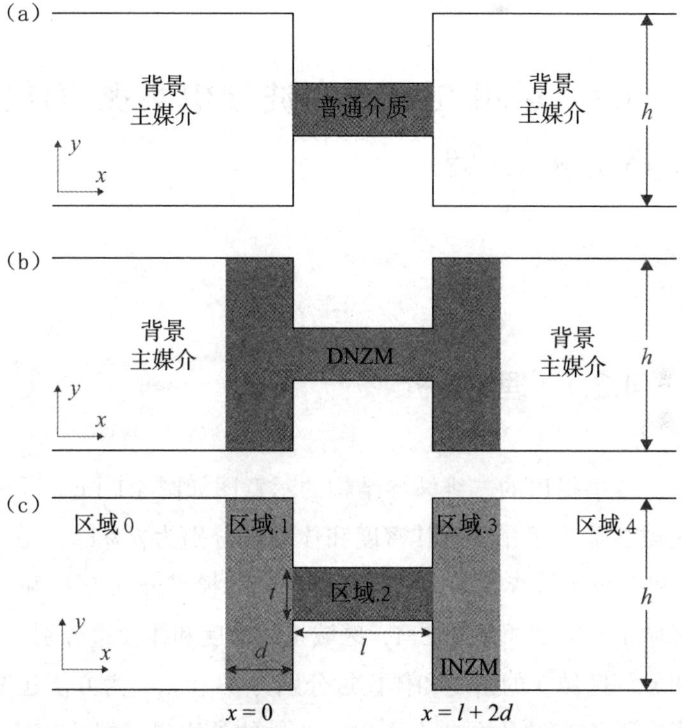

图 4.1　不同条件下的波导结构示意图

注：(a) 带狭缝的二维波导结构示意图，狭缝为普通介质；(b) 与 (a) 相同的波导结构，但狭缝和连接部分填充有 DNZM；(c) 将 DNZM 狭缝替换为普通介质；区域 0 和 4 是背景主媒质；区域 1 和区域 3 是 INZM；区域 2 是由普通介质构成的狭缝；波导外边界为声学硬边界。

4.2 运用 INZM 在波导中实现声波的全透射和全反射

4.2.1 理论分析

本书提出的二维波导结构的示意图如图 4.1（c）所示，区域 2 是普通介质，其密度和体模量分别为 ρ_2 和 κ_2，区域 0 和区域 4 是背景主媒质，其密度和体模量分别为 ρ_0 和 κ_0，区域 1 和区域 3 是 INZM，区域 1 的密度和体模量分别为 ρ_1 和 κ_1。区域 3 的密度和体模量分别为 ρ_3 和 κ_3。为方便起见，假设平面声波从左向右入射，波导的外边界设置为声学硬边界。

假设入射声波为 $p_{\text{inc}} = P_0 \text{e}^{\text{i}(\omega t - k_0 x)}$，其中，$k_0 = \omega / c_0$ 是区域 0 的波数；ω 是角频率；c_0 是区域 0 中的声速；P_0 是入射平面波的幅度。为了方便起见，在后面的分析过程中省略了简谐声场的时间因子 $\text{e}^{\text{i}\omega t}$。声波导各区域内速度场可表示为 $v = (\text{i}/\rho\omega)\nabla p$。区域 0 中的声压场和速度场可以表示为

$$p_0 = P_0 \left(\text{e}^{-\text{i}k_0 x} + R\,\text{e}^{\text{i}k_0 x} \right) \tag{4.1}$$

$$v_0 = \left(\text{e}^{-\text{i}k_0 x} - R\,\text{e}^{\text{i}k_0 x} \right) P_0 / \eta_0 \tag{4.2}$$

其中，R 为声压的反射系数；$\eta_0=\sqrt{\rho_0\kappa_0}$ 为区域 0 的声阻抗。

同理，区域 4 中的声压场和速度场可以表示为

$$p_4=TP_0\mathrm{e}^{-\mathrm{i}k_0(x-l-2d)} \tag{4.3}$$

$$v_4=\mathrm{e}^{-\mathrm{i}k_0(x-l-2d)}P_0T/\eta_0 \tag{4.4}$$

其中，T 为声压的透射系数。

区域 2 中的声压场和速度场可以表示为

$$p_2=P_2\mathrm{e}^{-\mathrm{i}k_2(x-d)}+P_2'\mathrm{e}^{\mathrm{i}k_2(x-d)} \tag{4.5}$$

$$v_2=\left(P_2\mathrm{e}^{-\mathrm{i}k_2(x-d)}-P_2'\mathrm{e}^{\mathrm{i}k_2(x-d)}\right)/\eta_2 \tag{4.6}$$

其中，P_2 和 P_2' 分别是前向传输声波和后向传输声波的幅值；$k_2=\omega/c_2$ 是区域 2 的波数；c_2 是区域 2 中的声速；$\eta_2=\sqrt{\rho_2\kappa_2}$ 为区域 2 的声阻抗。在区域 1 和区域 3 中，ρ_1 和 ρ_3 都趋近于 0，为了保证区域 1 和区域 3 内的速度场 v_1 和 v_3 为有限值，声压场 p_1 和 p_3 的梯度必须为零，即 $p_1=C_1$，$p_3=C_3$，其中，C_1、C_3 均为常数。

在区域 0 与区域 1 的交界（$x=0$）处满足声压连续性条件，即 $P_0(1+R)=p_1$。同理，在区域 1 与区域 2 的交界（$x=d$）处也满足声压连续性条件，即 $P_2+P_2'=p_1$；在区域 2 与区域 3 的交界（$x=l+d$）处也满足声压连续性条件，即 $P_2\mathrm{e}^{-\mathrm{i}k_2l}+P_2'\mathrm{e}^{\mathrm{i}k_2l}=p_3$；在区域 3 与区域 4 的交界（$x=l+2d$）处也满足声压连续性条件，即 $TP_0=p_3$。P_2 和 P_2' 可以分别用 p_1 和 p_3 表示为 $P_2=\dfrac{p_1\mathrm{e}^{\mathrm{i}k_2l}-p_3}{\mathrm{e}^{\mathrm{i}k_2l}-\mathrm{e}^{-\mathrm{i}k_2l}}$，$P_2'=\dfrac{p_3-p_1\mathrm{e}^{-\mathrm{i}k_2l}}{\mathrm{e}^{\mathrm{i}k_2l}-\mathrm{e}^{-\mathrm{i}k_2l}}$。为了求出声压透射系数的具体表达式，对零折射率超材料区域 1 应用

质量守恒定律：

$$\oint \rho v_{\perp} \mathrm{d}l = \int \frac{\rho}{\kappa} \frac{\partial p}{\partial t} \mathrm{d}s \tag{4.7}$$

式（4.7）左边项表示单位时间内通过边界流入区域1的净质量，右边项表示单位时间内区域1质量的增加量。将式（4.2）和式（4.6）代入式（4.7）左边项，可以求得：

$$\oint \rho v_{\perp} \mathrm{d}l = \rho_1 h P_0 \frac{1-R}{\eta_0} - \rho_1 t \frac{P_2 - P_2'}{\eta_2} \text{。} \tag{4.8}$$

将区域1的声压场表达式 $p_1 = C_1$ 代入式（4.7）右边项，可以求得：

$$\int \frac{\rho}{\kappa} \frac{\partial p}{\partial t} \mathrm{d}s = \frac{\mathrm{i}\omega \rho_1 p_1}{\kappa_1} S_1 \tag{4.9}$$

其中，$S_1 = hd$ 为区域1的面积。由于INZM区域的体积模量 $\frac{1}{\kappa_1} \approx 0$，式（4.9）的右边等于0。根据质量守恒定律，式（4.8）和式（4.9）相等，从而求得：

$$\rho_1 h P_0 \frac{1-R}{\eta_0} - \rho_1 t \frac{P_2 - P_2'}{\eta_2} = 0 \tag{4.10}$$

同理，对零折射率超材料区域3应用质量守恒定律得：

$$\oint \rho v_{\perp} \mathrm{d}l = \int \frac{\rho}{\kappa} \frac{\partial p}{\partial t} \mathrm{d}s \tag{4.11}$$

将式（4.4）和式（4.6）代入式（4.11）左边项，可以求得：

$$\oint \rho v_{\perp} \mathrm{d}l = \rho_1 t \frac{P_2 \mathrm{e}^{-\mathrm{i}k_2 l} - P_2' \mathrm{e}^{\mathrm{i}k_2 l}}{\eta_2} - \rho_1 h P_0 \frac{T}{\eta_0} \tag{4.12}$$

将区域 3 的声压场表达式 $p_3 = C_3$ 代入式（4.11）右边项，可以求得：

$$\int \frac{\rho}{\kappa}\frac{\partial p}{\partial t}\mathrm{d}s = \frac{\mathrm{i}\omega\rho_3 p_3}{\kappa_3}S_3 \tag{4.13}$$

其中，$S_3 = hd$ 为区域 3 的面积。由于 INZM 区域的体积模量 $\frac{1}{\kappa_3}\approx 0$，式（4.13）的右边等于 0。根据质量守恒定律，式（4.12）和式（4.13）相等，从而求得：

$$\rho_1 t\frac{P_2\mathrm{e}^{-\mathrm{i}k_2 l} - P_2'\mathrm{e}^{\mathrm{i}k_2 l}}{\eta_2} - \rho_1 h P_0\frac{T}{\eta_0} = 0 \tag{4.14}$$

将 $P_2 = \frac{p_1\mathrm{e}^{\mathrm{i}k_2 l} - p_3}{\mathrm{e}^{\mathrm{i}k_2 l} - \mathrm{e}^{-\mathrm{i}k_2 l}}$，$P_2' = \frac{p_3 - p_1\mathrm{e}^{-\mathrm{i}k_2 l}}{\mathrm{e}^{\mathrm{i}k_2 l} - \mathrm{e}^{-\mathrm{i}k_2 l}}$ 分别代入式（4.10）和式（4.14），可以求出声压的透射系数为

$$T = \frac{4\alpha}{(1+\alpha)^2\mathrm{e}^{\mathrm{i}k_2 l} - (1-\alpha)^2\mathrm{e}^{-\mathrm{i}k_2 l}} \tag{4.15}$$

其中，$\alpha = \frac{h\eta_2}{t\eta_0}$；$\eta_2$ 和 η_0 分别为区域 2 和区域 0 的声阻抗；t 和 l 分别为狭缝（区域 2）的高度和宽度；h 为波导的高度。

根据公式（4.15），发现有两种方法可以实现全透射。① 如果 $\alpha = 1$，可以得到 $\eta_2/\eta_0 = t/h$，此时的透射系数 $|T| = 1$。在本章中考虑的狭缝为亚波长尺寸，狭缝的高度 t 远小于工作波长 λ，因此，狭缝中的普通介质的阻抗与区域 0 的声阻抗的比值将会是一个非常小的值。例如 $\kappa_2 = \kappa_0$ 时，$\rho_2 = \rho_0(t/h)^2$，这对应于前面所说的在狭窄且不规则的波导中添加 DNZM（$\rho \to 0$）的情况。然而，由于其所需要的狭缝必须相当狭

窄，本研究用具有复杂结构的DNZM填充狭缝要困难得多。②当 $e^{ik_2 l}=-1$ 时，也就是 $k_2 l=\pi+2n\pi$（n 是自然数）时，同样可以得到透射系数 $|T|=1$ 这种情况。通过简单地推导 $k_2 l=\pi+2n\pi$，可以得到 $\sqrt{\frac{\rho_2\kappa_0}{\rho_0\kappa_2}}l=\frac{(1+2n)}{2}\lambda$（$n$ 是自然数），这意味着声波在狭缝内发生FP共振。当狭缝波导中的普通介质满足FP共振条件时，无论狭缝多么窄，声波都可以全部透射过去。特别地，当填充的普通介质换成INZM（$\rho\to 0,1/\kappa\to 0$）时，声波也可以近乎全部地隧穿过这个具有亚波长尺寸的狭缝波导，而且这个过程没有任何反射，这种情况也包括在上述的FP共振条件中，只不过此时的 n 等于零。在下面的讨论中，重点关注第二种情况。

4.2.2 数值仿真

为了验证本书所设计的波导系统的传输特性，采用有限元数值仿真软件COMSOL Multiphysics来进行数值仿真。在数值仿真中，波导的高度设置为 h = 80 mm，狭缝的高度和宽度分别为 t = 10 mm，l = 40 mm。入射平面声波的工作频率为6 860 Hz。

只有普通介质添加在狭缝波导中，并且在其两个端口未添加INZM时，声压透射率随狭缝波导中普通介质的密度的变化情况如图4.2（a）所示，普通介质的体模量为 $\kappa=\kappa_0$，

图 4.2（a）中存在一些由于 FP 共振而引起的共振峰，但是在这种情况下，声波的最大透射率也只有 0.294 左右，这比一个空的平行波导（没有狭缝，或 $t = h$）的透射率要低得多。当狭缝的高度减小到 $t = 5$ mm 时，声波的透射率会继续减小，如图 4.2（c）所示，最大透射率约为 0.284。接下来让我们看看把 INZM 添加到普通介质的左右两个端口会发生什么现象。首先考虑 $t = 10$ mm 的情况，添加的 INZM 的宽度为 $d = 20$ mm，声压透射率随狭缝波导中普通介质的密度的变化情况如图 4.2（b）所示，图中实线和空心圆圈分别代表解析结果和数值仿真结果。从图 4.2（b）中可以看出，解析结果与数值仿真结果吻合较好，并且声波的透射率明显提高了。当满足 FP 共振条件时，每一个共振峰的振幅可以达到 1，也就是说声波几乎全部隧穿过这一狭窄的波导通道。当狭缝波导的高度减小到 $t = 5$ mm 且其他尺寸不变时，相应的解析结果和数值仿真结果如图 4.2（d）所示，从中可以看出，其结果与狭缝波导的高度 $t = 10$ mm 时相似，不过 FP 共振峰变得更窄了。综上所述，在本书所设计的这种波导结构中，可以通过改变狭缝内的普通介质来控制声波的传播。

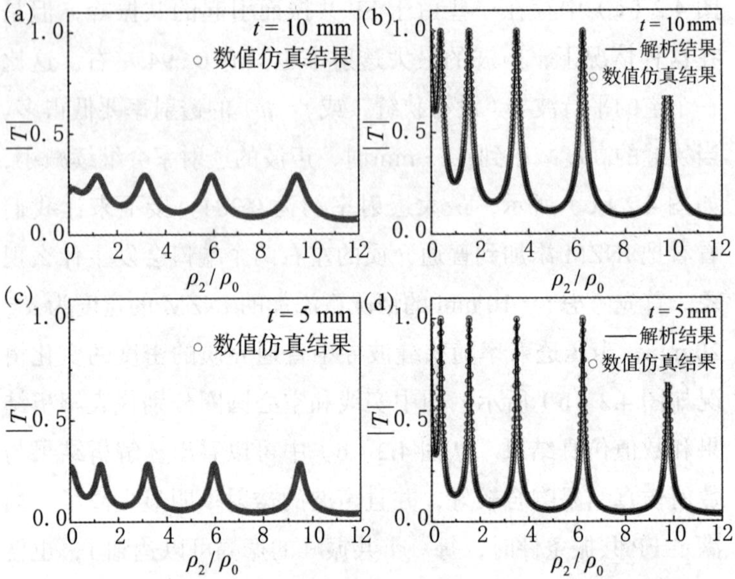

图 4.2　声压透射率随狭缝波导中普通介质密度的变化情况

(a) 在普通介质的两个端口没有添加 INZM 时的透射情况；(b) 在普通介质的两个端口添加 INZM 时的透射情况；(a) 和 (b) 中狭缝波导的高度 t = 10 mm；(c) 和 (d) 分别对应于在普通介质的两个端口有无添加 INZM 时的透射情况，此时狭缝波导的高度 t = 5 mm；图中实线和空心圆圈分别代表解析结果和数值仿真结果；在数值仿真过程中，INZM 的密度和体模量分别为 $\rho_1 = 10^{-4}\rho_0$ 和 $\kappa_1 = 10^4\kappa_0$，普通介质的体模量为 $\kappa_2 = \kappa_0$。

为了更好地展现出传输效果，用 COMSOL 软件模拟狭缝波导的声压场分布。在数值仿真中，入射声波的振幅设置为 1 Pa。这里以狭缝波导的高度 t = 5 mm 为例，选择图 4.2（d）中的第 2 个共振峰，此时，狭缝波导中普通介质的密度和体模量分别为 $\rho_2 = 1.56\rho_0$ 和 $\kappa_2 = \kappa_0$。如图 4.3（a）所示，当 INZM 没有添加在波导中时，可以清晰地看到入射声波被狭缝强烈反射，只有少许的声波能透射过去，而且透射波已不能保持完美的波形。当 INZM 添加到狭缝波导的两个端口时，相应的声压场分布如图 4.3（b）所示，从图中可以看出，入射波在无反射的情况下可以很好地穿过狭缝，并且透射波具有完整的波前。由于 INZM 对声波的隧穿效应，入射声波在所设计的带有狭缝的波导中经历了全透射。此外，为了更清楚地验证声波的全透效果，在图 4.3（b）中，位置为 $y = 0$ mm，$x = -140$ mm 到 $x = 140$ mm 处，画了一条虚线来观察声压分布，其声压分布如图 4.3（c）和图 4.3（d）所示。从图 4.3（c）和图 4.3（d）中可以看出，区域 0 和区域 4 中声压的振幅都为 1 Pa，也就是说透射声波的振幅和入射声波的振幅基本一致，这证明了在波导系统中发生了全透射。区域 2 中声压的振幅约为 18 Pa，区域 2 中强烈的共振证实了 FP 共振的存在。

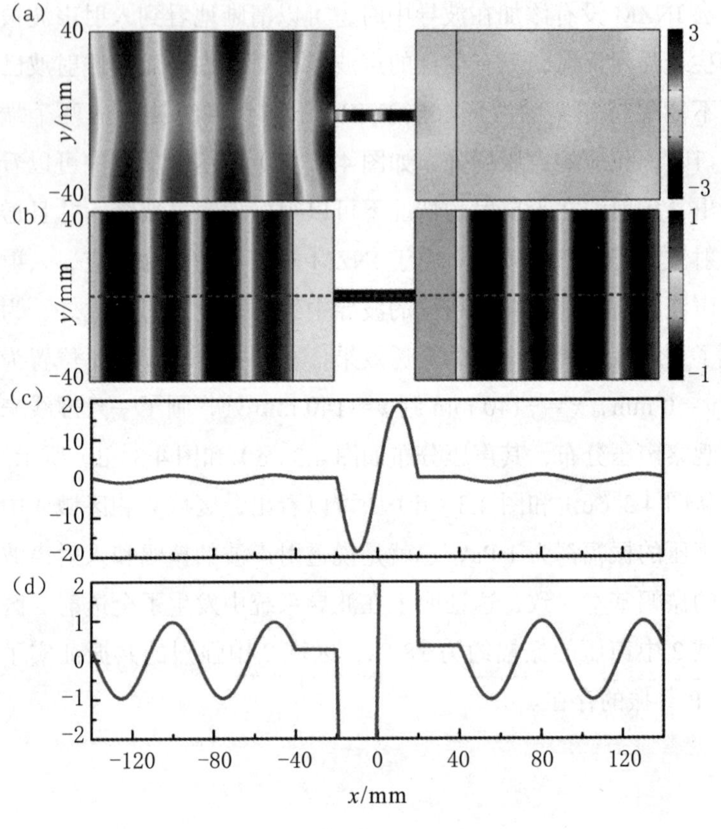

图 4.3 狭缝波导的声压场分布图

注：(a)和(b)分别为没有添加 INZM 和添加 INZM 时整个波导系统的声压场分布；在这两种情况下，狭缝波导中添加的普通介质的密度和体模量分别为$\rho_2=1.56\rho_0$和$\kappa_2=\kappa_0$；(c)在图(b)中虚线上的声压分布，其位置为y = 0 mm，x = −140 mm 到x = 140 mm；在数值仿真中，INZM 的密度和体模量分别为$\rho_1=10^{-4}\rho_0$和$\kappa_2=10^4\kappa_0$，普通介质的密度和体模量分别为$\rho_2=1.56\rho_0$和$\kappa_2=\kappa_0$，且狭缝波导的高度为t = 5 mm；(d)与(c)中的结果一样，只不过y轴的取值范围变为从 −2 到 2。

需要强调的是，INZM 的性质并不依赖于它的几何形状，所以在运用此种材料设计波导结构时，其出射端口和入射端口可以根据需要弯曲成任意角度。当我们把入射端口设计成弯曲 45 度时，同样可以在波导系统中实现全透射，这里普通介质的密度为 $\rho_2 = 3.52\rho_0$，对应图 4.2（d）中的第 3 个共振峰，相应的声压场分布如图 4.4（a）所示，从图中可以看出，透射声波仍然能保持完美的波形。其他的波导结构如果弯曲的话，传输效果会降低，入射声波也会由于散射而无法保持完美的波前，所以本书设计的波导结构可以改善这个缺点。当普通介质的密度变化到 $\rho_2 = 4.86\rho_0$ 时（对应图 4.2（d）中的第 3 个波谷），波导系统发生全反射，此时的声压场分布如图 4.4（b）所示。

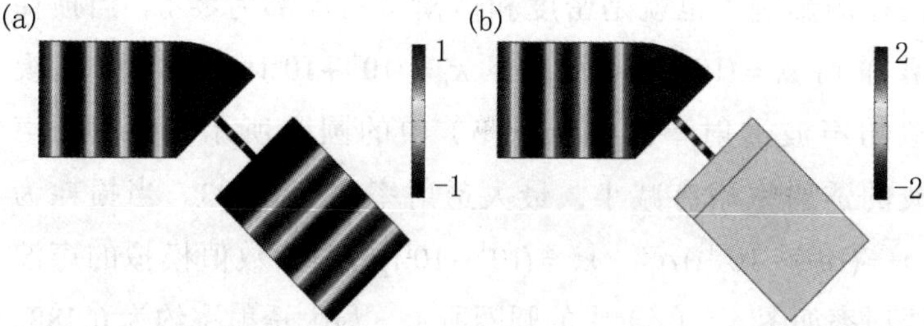

图 4.4　当波导弯曲成 45 度时，数值模拟的声压场分布图

注：普通介质的密度为 (a) $\rho_2 = 3.52\rho_0$ 和 (b) $\rho_2 = 4.86\rho_0$ 时，波导系统的声压场分布，全透射和全反射可以分别从图 (a) 和图 (b) 中观察到。

4.2.3 INZM 带有损耗时的结果

需要注意的是，在现实情况中，材料的损耗是我们必须面对的一个问题，因此，必须考虑材料的损耗对声波透射率的影响。这里以狭缝波导的高度 $t = 5$ mm 为例，而其他尺寸不变来进行数值仿真。图 4.5（a）～图 4.5（c）表示在 INZM 中添加不同程度的损耗时，声波透射率随狭缝波导中普通介质密度的变化情况。当损耗非常小时，其结果如图 4.5（a）中的圆圈所示，$\rho_1 = (10^{-4} - 10^{-4}\mathrm{i})\rho_0$、$\kappa_1 = (10^4 + 10^4\mathrm{i})\kappa_0$ 时，声波的透射率几乎和公式 4.15 的理论结果一致，而在理论推导过程中，并没有考虑 INZM 的损耗的影响（也就是密度和体模量的虚部为零）。当损耗增加到 $\rho_1 = (10^{-4} - 10^{-2}\mathrm{i})\rho_0$、$\kappa_1 = (10^4 + 10^2\mathrm{i})\kappa_0$ 时，数值模拟的声波透射率如图 4.5（b）中的圆圈所示，此时，声波的透射率略有减小，最大透射率约为 0.903。当损耗为 $\rho_1 = (10^{-4} - 10^{-1}\mathrm{i})\rho_0$、$\kappa_1 = (10^4 + 10^1\mathrm{i})\kappa_0$ 时，数值模拟的声波透射率如图 4.5（c）中的圆圈所示，最大透射率约为 0.488，毫无疑问，如此大的损耗对声波的透射率造成很大影响。

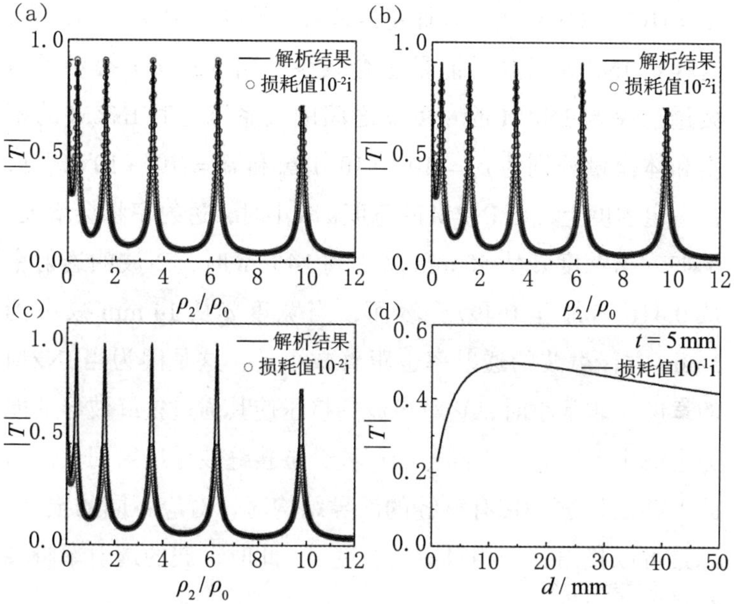

图 4.5　INZM 带有损耗时的仿真图

注：(a)～(c) 为在 INZM 中添加不同程度的损耗时，声波透射率随狭缝波导中普通介质密度的变化情况；(a)～(c) 中的实线是根据公式 4.15 得到的解析结果，此时 INZM 中没有任何损耗；(a) 中的圆圈表示 INZM 中的损耗为 $\rho_1=(10^{-4}-10^{-4}\mathrm{i})\rho_0$、$\kappa_1=(10^4+10^4\mathrm{i})\kappa_0$ 时的透射情况；(b) 中的圆圈表示 INZM 中的损耗为 $\rho_1=(10^{-4}-10^{-2}\mathrm{i})\rho_0$、$\kappa_1=(10^4+10^2\mathrm{i})\kappa_0$ 时的透射情况；(c) 中的圆圈表示 INZM 中的损耗为 $\rho_1=(10^{-4}-10^{-1}\mathrm{i})\rho_0$、$\kappa_1=(10^4+10^1\mathrm{i})\kappa_0$ 时的透射情况；(d) 透射率与 INZM 的宽度 d 之间的关系，此时 INZM 的损耗为 $\rho_1=(10^{-4}-10^{-1}i)\rho_0$、$\kappa_1=(10^4+10^1 i)\kappa_0$。

为了减少 INZM 中损耗对声波透射率的影响（例如 INZM 中密度和体模量分别为 $\rho_1=(10^{-4}-10^{-1}\mathrm{i})\rho_0$ 和

$\kappa_1=(10^4+10^1\mathrm{i})\kappa_0$），本研究尝试减少波导中 INZM 的面积，这样被 INZM 吸收的能量也会减少。图 4.5（d）揭示了声波透射率与 INZM 的宽度 d 之间的关系（此时 INZM 的密度和体模量分别为 $\rho_1=(10^{-4}-10^{-1}\mathrm{i})\rho_0$ 和 $\kappa_1=(10^4+10^1\mathrm{i})\kappa_0$），在一定程度上，当INZM的宽度 d 减小时，透射率将会增大，例如，当宽度 d 从 50 mm 减小到 14 mm 时，声波的透射率从 0.416 增加至 0.497。然而，当宽度 d 从 14 mm 减小到 1 mm 时，声波的透射率也跟着减小了，这是因为当 INZM 的宽度 d 非常小时，它对声波的挤压使其通过狭缝波导的能力也减小了，此时大部分的声波会被狭缝波导反射回去。因此，在设计这一带有狭缝的波导结构时，对应不同的损耗，总是可以找出一个相对应的宽度 d，此时声波的透射率将会被最大的优化。

4.2.4 这种波导结构的应用

近年来，一些研究指出：通过调整嵌入 ZIMs 中缺陷的尺寸和声学参数可以控制声波在波导系统中的透射率，从而实现全透射和全反射。对于这些波导结构，一个重要的潜在应用便是声学开关。同样的，本书所设计的这一带有狭缝的波导结构也可以实现相同的功能。对于声学开关，可以将声波的透射率为 100% 定义为“开”，将声波的透射率低于 5% 定义为“关”。对于声学开关来说，开关的灵敏度是非常重要的参数。当具有亚波长尺寸狭缝波导的宽度 t = 1 mm 时，

通过计算公式 4.15，发现，当 $\rho_{2,\mathrm{on}} = 3.52\rho_0$ 时，声波的透射率为 1，此时波导系统发生全透射，而当 $\rho_{2,\mathrm{off}}^{a} = 2.52\rho_0$ 或 $\rho_{2,\mathrm{off}}^{b} = 4.87\rho_0$ 时，波导系统中声波的透射率不足 5%，此时波导系统发生全反射。为了量化声学开关的灵敏度，本章定义了一个品质因数 Q，其表达式为 $Q = 2\rho_{\mathrm{on}} / \left|\rho_{\mathrm{off}}^{a} - \rho_{\mathrm{off}}^{b}\right|$。把具体参数带进去，可以求得品质因数 $Q = 3$，这意味着密度的变化仅为 2.25 的 1/3，就可以实现从 on 到 off 的声开关功能，而且随着狭缝波导的宽度 t 继续减小，品质因数 Q 会变大，使得声开关更加灵敏。

4.3　运用 DNZM 在波导中实现全透射和全反射

在上节中，讨论了在两个波导的中间用一个非常窄的狭缝连接，在狭缝波导中添加普通介质，而在其两个端口添加 INZM 时，声波可以全部透射过去。然而，要想设计并获得密度和体模量倒数同时为零的 INZM 是比较困难的，相对而言，想要获得密度为零的 DNZM 则比较容易。在本节中，研究将上节波导结构中的 INZM 换成 DNZM，从而实现声波的全透射和全反射。通过理论分析和数值模拟，发现尽管 DNZM 和背景主媒质空气的阻抗并不匹配，但是当 FP 共振条件满足时，全透射仍然可以实现。改变普通介质的密度时，也可以实现全反射。通过本书所设计的波导结构，一种灵敏度更高的声学开关可以被设计出来。

4.3.1 理论分析

本书提出的二维波导结构的示意图如图 4.6 所示，区域 0 和 4 是背景主媒质，其密度和体模量分别为 ρ_0 和 κ_0，区域 1 和区域 3 是 DNZM，其密度和体模量分别为 $\rho_{1(3)}$ 和 $\kappa_{1(3)}$，区域 2 是普通介质，其密度和体模量分别为 ρ_2 和 κ_2，波导的外边界设置为声学硬边界。通过改变普通介质的密度，可以实现对声波的全透射和全反射的调控。

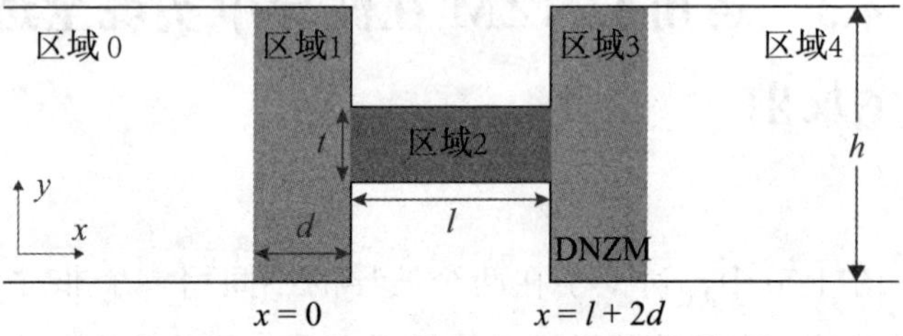

图 4.6　二维波导结构示意图

注：区域 0 和区域 4 是背景主媒质，区域 1 和区域 3 是 DNZMs，其宽度为 d；区域 2 是普通介质，其高度和宽度分别为 t 和 l；波导的外边界是声学硬边界，其高度为 h。

与上节的理论推导过程类似，考虑平面声波从左向右入射，利用亥姆霍兹方程，可以写出各个区域的声压场和速度场表达式，然后进行边界条件匹配，同样可以得到声波透射率的表达式。由于此时 DNZM 的体模量并不等于零（在推导过程中将体模量设为 κ_0），所以公式（4.9）和公式（4.13）的右端不等于零，最终得到声波透射率的表达式为

$$T = \frac{4\alpha}{[1+\alpha(1+\mathrm{i}\beta)]^2 \mathrm{e}^{\mathrm{i}k_2 l} - [1-\alpha(1+\mathrm{i}\beta)]^2 \mathrm{e}^{-\mathrm{i}k_2 l}} \tag{4.16}$$

其中，$\alpha = \dfrac{h\eta_2}{t\eta_0}$；$\beta = k_0 d$。通过与公式（4.15）进行比较，公式（4.16）仅仅多了一项 $\mathrm{i}\alpha\beta$，而这一项就是由于 DNZM 的体模量的倒数不等于零造成的。

4.3.2　数值仿真

同样的，为了验证上面的理论分析，用 COMSOL 软件进行了数值仿真。这里，波导的高度设置为 h = 80 mm，狭缝中普通介质的高度和宽度分别为 t = 10 mm，l = 40 mm，DNZM 的宽度设为 d = 20 mm。入射平面声波的工作频率为 6 860 Hz，幅值为 1 Pa。透射系数随普通介质密度的变化情况如图 4.7 所示，从图中可以看出，当 FP 共振条件满足时，波导系统发生全透射。图 4.7 中的实线是根据公式（4.16）得到的解析结果，空心圆圈是数值模拟的结果，它们相互吻合得很好，从而证明了理论分析的正确性。

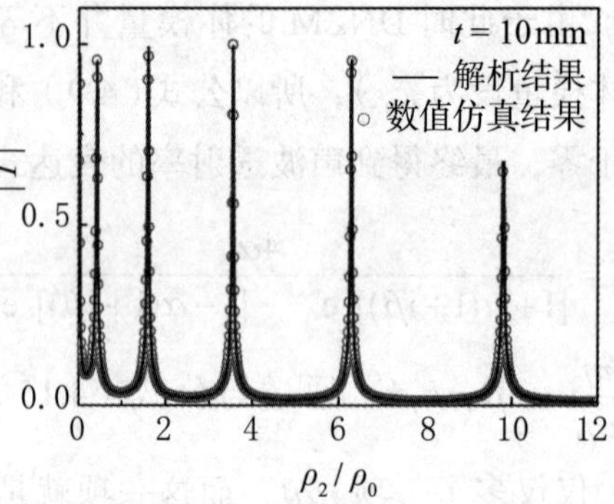

图 4.7　透射系数随普通介质密度的变化情况

注：狭缝中普通介质的高度 $t=10$ mm，DNZM 的宽度 $d=20$ mm；图中实线和空心圆圈分别表示解析结果和数值仿真结果。

图 4.8 绘制了数值模拟的声压场分布。这里仅仅选取图 4.7 中透射曲线的第 3 个共振峰和第 3 个波谷来进行说明。如图 4.8（a）所示，当普通介质的密度 $\rho_2=3.55\rho_0$ 时，入射声波可以完美地隧穿过这一带有狭缝的波导结构，此过程几乎没有反射，而且透射声波仍然能保持完美的波形。然而，当普通介质的密度变化到 $\rho_2=4.9\rho_0$ 时，波导系统发生全反射，此时的声压场分布如图 4.8（b）所示。总而言之，声波在本书设计的波导系统中总是可以经历全透射和全反射，而且这里使用的是 DNZM 而非 INZM，进一步优化了之前的设计，从而为在实验上实现这一波导系统减少了许多困难。

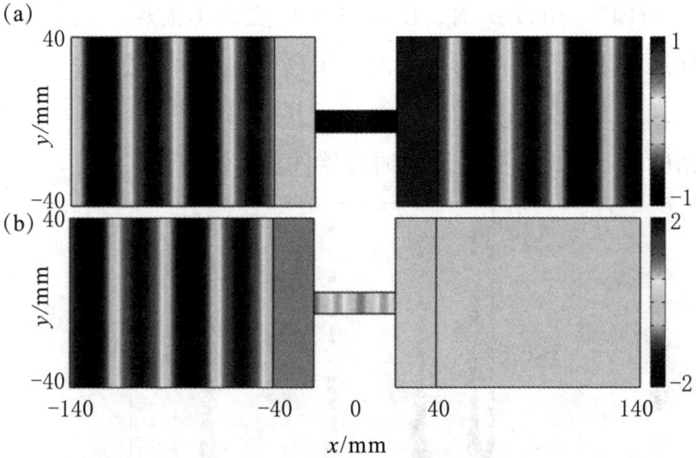

图 4.8　数值模拟的声压场分布图

注：普通介质的密度为 (a) $\rho_2 = 3.55\rho_0$ 和 (b) $\rho_2 = 4.9\rho_0$ 时，波导系统的声压场分布，全透射和全反射可以分别从图 (a) 和 (b) 中观察到。

4.3.3　DNZM 带有损耗时的结果

与上节类似，这里同样讨论材料的损耗对声波透射率的影响。当不同量级的损耗被添加到 DNZM 的密度上时，透射系数随普通介质密度的变化情况如图 4.9 所示。从图 4.9 中的正方形数据可以看出，当损耗很小时，例如 $\rho_1 = (10^{-4} - 10^{-4}\mathrm{i})\rho_0$ 时，透射情况仍然能保持很好的效果。当损耗增大到 $\rho_1 = (10^{-4} - 10^{-2}\mathrm{i})\rho_0$ 时，从图 4.22 中的圆圈数据可以看出，其最大透射系数大约为 0.65。然而，当损耗为

$\rho_1 = (10^{-4} - 10^{-1}\mathrm{i})\rho_0$ 时，DNZM 密度虚部（损耗）的影响将远远大于实部（零折射率的近零程度），所以透射率变的很低，最大透射系数大约为 0.15，其结果如图 4.9 中三角形数据所示。因此，损耗较大时对器件功能影响较大。

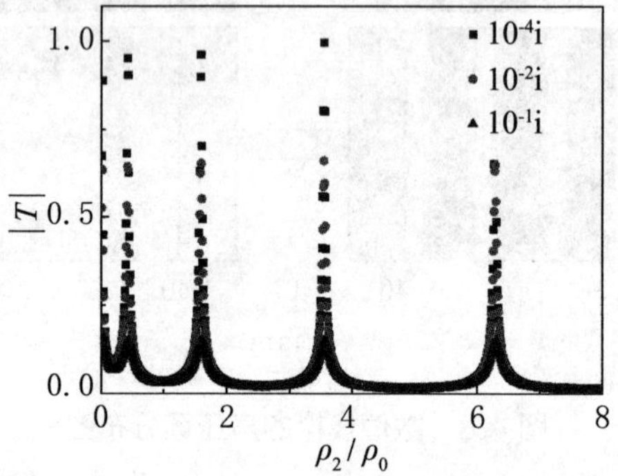

图 4.9 考虑 DNZM 的损耗时，声波的透射系数随普通介质密度的变化情况

注：正方形、圆圈、三角形数据分别对应损耗为 10^{-4}、10^{-2} 和 10^{-1} 的结果。

4.4 本章小结

在本章中，主要讨论了在具有亚波长尺寸的狭缝波导中嵌入普通介质，而在普通介质的两个端口引入零折射率材料，通过调节普通介质的密度，可以极大地提高声波的透射效率，主要原因是 ZIMs 对声波具有隧穿效应。特别地，当 FP 共振条件满足时，声波可以完全隧穿过这一狭窄结构，此时，波导系统发生全透射。由于 DNZM 和 INZM 在制造工艺方面的难易程度不同，这里分别考虑了在这一波导系统中引入 INZM 和 DNZM 两种情况。运用这种波导结构，可以实现声波的全透射和全反射，基于这些理论依据，可以设计出一种新颖且具有很高灵敏度的声学开关。此外，本章还讨论了损耗对声压透射率的影响，当损耗不太大时，可以实现高效传输。本章的工作提供了一种在狭缝波导系统中控制声传输的新方法，在狭缝波导系统中填充的介质不一定是 ZIMs，还可以是普通介质，这将大大简化在实际应用中的实现。

第 5 章　含有多介质缺陷波导系统的异常声透射研究

第 5 章　含有多介质缺陷波导系统的异常声透射研究

EIT 现象（electromagnetic induced transparency）最初是在原子系统中发现的[205]，主要的特征是具有一条非常陡峭的频率色散曲线，其潜在的物理机制其实就是通过引入一束很强的控制光，从而使光可以通过原来不透明的介质。近年来，将 EIT 现象与人工超材料联系起来已经引起了学者们的广泛注意[206]。另外，关于零折射率超材料（ZIMs）的研究也取得一定的进展，一些有趣且新颖的声学现象和器件被发现，例如：单向传输[207]、声能量汇集[208]以及超分辨率成像[209]等。2013 年，Wei 等人在 ZIMs 中嵌入缺陷，通过改变缺陷的声学参数，可以在波导中实现声波的全透射和全反射[210]。但是，在之前的研究中，人们普遍认为一个缺陷和多个缺陷系统可以得到相同的结果，所以在他们的研究中，仅仅考虑了一个缺陷的情况。即使有些人考虑了多个缺陷的情况，由于这些缺陷的几何尺寸差距很大，因此一些有趣的现象被忽略了。在本章中，发现当嵌入 ZIMs 中的多个缺陷的几何尺寸只有细小的差距时（这里考虑嵌入两个缺陷），这个波导系统展现出异常的透射情况，十分类似原子系统中的 EIT 现象。本章将详细解释声类比 EIT 现象产生的原因，并且用数值仿真证明本章理论分析的正确性。

5.1 理论分析

本书所设计的二维波导系统如图 5.1 所示，区域 0 和区域 3 是背景主媒质，区域 1 是 ZIMs，其宽度为 d，区域 2 由两个嵌入在 ZIMs 中的圆形缺陷构成，缺陷的半径分别为 R_1 和 R_2，它们由同一种材料构成，波导的高度为 h，波导上下边界为声学硬边界。现在暂不考虑 ZIMs 的损耗，平面声波从左向右入射，入射声波的表达式为 $p_{\mathrm{inc}}=P_0\mathrm{e}^{\mathrm{i}(\omega t-k_0x)}$，其中，$k_0=\omega/c_0$ 是区域 0 的波数；ω 是角频率；c_0 是区域 0 中的声速；P_0 是入射平面波的幅度。为了方便，在后面的分析过程中省略了简谐声场的时间因子 $e^{\mathrm{i}\omega t}$。声波导各区域内速度场可表示为 $v=(\mathrm{i}/\rho\omega)\nabla p$。

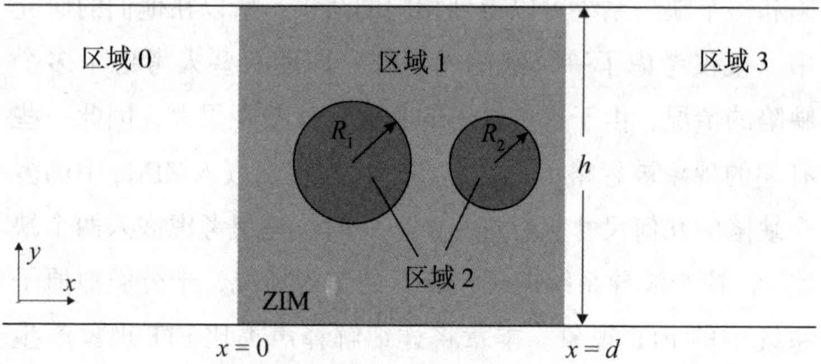

图 5.1　二维波导系统的示意图

注：区域 1 和区域 4 是背景主媒质；区域 2 是 ZIMs；区域 3 是两个圆形缺陷；波导上下边界为声学硬边界。

区域 0 中的声压场和速度场可以表示为

$$p_0 = P_0[\mathrm{e}^{-\mathrm{i}k_0 x} + R\,\mathrm{e}^{\mathrm{i}k_0 x}] \tag{5.1}$$

$$v_0 = [\mathrm{e}^{-\mathrm{i}k_0 x} - R\mathrm{e}^{\mathrm{i}k_0 x}]P_0/\eta_0 \tag{5.2}$$

其中，R 为声压的反射系数；$\eta_0 = \sqrt{\rho_0 \kappa_0}$ 为区域 0 的声阻抗。

同理，区域 3 中的声压场和速度场可以表示为

$$p_3 = TP_0\mathrm{e}^{-\mathrm{i}k_0(x-d)} \tag{5.3}$$

$$v_3 = \mathrm{e}^{-\mathrm{i}k_0(x-d)}\,TP_0/\eta_0 \tag{5.4}$$

其中，T 为声压的透射系数。在区域 1 中，ρ_1 趋近于 0，为了保证区域 1 中的速度场 v_1 为有限值，声压场 p_1 的梯度必须为零，因此 ZIMs 区域的声压场是一个常数，即 $p_1 = C$，其中，C 为常数。

对于区域 2，设第 j 个缺陷内的声压场和速度场分别为 p_{2j} 和 $v_{2j} = \dfrac{\mathrm{i}}{\rho_{2j}\omega}\nabla p_{2j}$。各缺陷与零折射率超材料在边界上须满足声压连续，即

$$p_{2j}\big|_{\partial A_{2j}} = p_1 = C \tag{5.5}$$

其中，∂A_{2j} 表示第 j 个缺陷的边界。根据声散射理论，每个缺陷内的声压场均可表示为柱函数的叠加，即

$$p_{2j} = \sum_{m=-\infty}^{+\infty} [B_{jm}J_m(k_{2j}r_j) + D_{jm}H_m^{(1)}(k_{2j}r_j)]\mathrm{e}^{\mathrm{i}m\theta_j} \tag{5.6}$$

其中，J_m 和 $H_m^{(1)}$ 分别为第 m 阶 Bessel 函数和第一类 Hankel 函数；$k_{2j} = \omega\sqrt{\dfrac{\rho_{2j}}{\kappa_{2j}}}$ 为第 j 个缺陷的波数；r_j 和 θ_j 分别为第 j

个缺陷的相对坐标；B_{jm} 和 D_{jm} 分别为待定的内向波和外向波系数。由于缺陷内的声场总为有限值，而第一类 Hankel 函数在零点处发散，因此系数 $D_{jm}=0$。每个缺陷与零折射率超材料在边界上满足声压连续性条件，而零折射率超材料内声压场又为常数，将式（5.6）代入式（5.5）可以求得系数 B_{jm}：

$$B_{jm}=\begin{cases}\dfrac{p_1}{J_0(k_{2j}R_j)}, & m=0\\ 0, & m\neq 0\end{cases} \tag{5.7}$$

将式（5.7）代入式（5.6），并结合 $v=(\mathrm{i}/\rho\omega)\nabla p$，可以得到第 j 个缺陷的声压场和法向速度场分别为

$$p_{2j}=p_1\frac{J_0(k_{2j}r_j)}{J_0(k_{2j}R_j)} \tag{5.8}$$

$$v_{2j\perp}=\frac{p_1}{\mathrm{i}\eta_{2j}}\frac{J_1(k_{2j}r_j)}{J_0(k_{2j}R_j)} \tag{5.9}$$

其中，$\eta_{2j}=\sqrt{\rho_{2j}\kappa_{2j}}$ 为第 j 个缺陷的声阻抗。

对零折射率超材料区域 1 应用质量守恒定律，并且匹配各个边界条件，通过简单的数学推导，透射系数的表达式可以写成：

$$T=\frac{1}{1+\dfrac{\mathrm{i}\omega\eta_0(S_1-S_\mathrm{d})}{2h\kappa_1}+\dfrac{\mathrm{i}\pi\eta_0}{h}\sum\limits_{j=1}^{2}\dfrac{R_j}{\eta_{2j}}\dfrac{J_1(k_{2j}R_j)}{J_0(k_{2j}R_j)}} \tag{5.10}$$

其中，$S_1 = h \times d$ 是区域 1 和区域 2 的总面积；$S_d = \sum_{j=1}^{2} \pi R_j^2$ 是区域 2（两个圆形缺陷）的总面积。

如前所述，ZIMs 可以分为 DNZM（$\rho \to 0$）和 INZM（$\rho \to 0$，$1/\kappa \to 0$），这里主要讨论的是 INZM，所以公式（5.10）可以写成：

$$T = \frac{1}{1 + \frac{\mathrm{i}\pi\eta_0}{h}\sum_{j=1}^{2}\frac{R_j}{\eta_{2j}}\frac{J_1(k_{2j}R_j)}{J_0(k_{2j}R_j)}} \tag{5.11}$$

在之前的研究中，人们普遍认为嵌入在 ZIMs 中的多个缺陷中只要有一个缺陷满足 $J_0(k_{2j}R_j) = 0$，波导系统将会发生全反射（$T = 0$）。然而要想实现声波的全透射（$T = 1$），所有的缺陷必须同时满足 $J_1(k_{2j}R_j) = 0$。这里，本研究先给出波导系统的一些参数：波导系统的高度 $h = 0.4$ m，ZIMs 的宽度 $d = 1$ m，工作频率为 3 000 Hz。首先考虑两个缺陷的半径相同（$R_1 = R_2 = 0.12$ m）时的情况，透射系数随缺陷体模量的变化情况如图 5.2（a）所示，如前所述，透射系数的波峰（$T = 1$）和波谷（$T = 0$）分别由 $J_1(k_{2j}R_j) = 0$ 和 $J_0(k_{2j}R_j) = 0$ 导致。

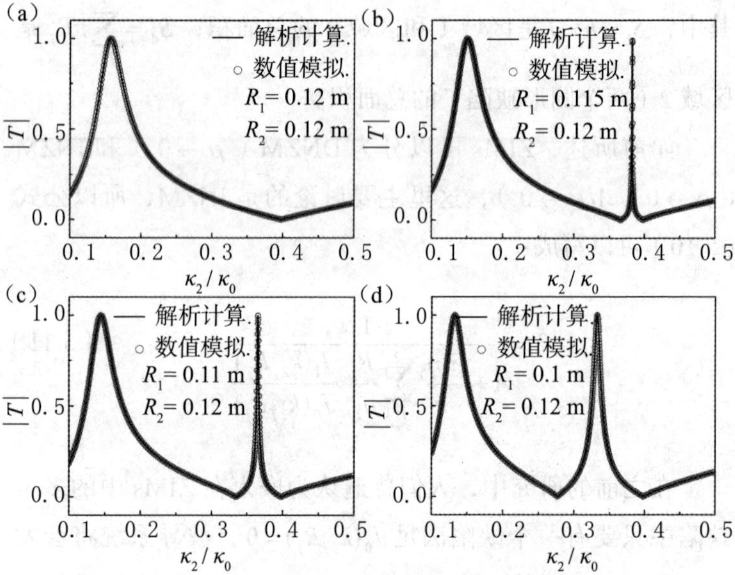

图 5.2　声波的透射系数随缺陷体模量的变化情况

注：（a）$R_1 = R_2 = 0.12\,\text{m}$；（b）$R_1 = 0.115\,\text{m}$，　$R_2 = 0.12\,\text{m}$；(c) $R_1 = 0.11\,\text{m}$，$R_2 = 0.12\,\text{m}$；(d) $R_1 = 0.1\,\text{m}$，$R_2 = 0.12\,\text{m}$；分别对应两个缺陷半径不同的情况。图中实线和空心圆圈分别对应解析结果和数值模拟结果。

然而，当这两个缺陷的半径只有细微差距时（定义 $\delta = (R_2 - R_1)/R_2$ 来描述缺陷尺寸的差距），声波的透射情况将会产生一个非常有趣的现象。例如，当 $R_1 = 0.115\,\text{m}$，$R_2 = 0.12\,\text{m}$（$\delta = 1/24$）时，两个缺陷半径的差距很小，透射系数随缺陷体模量的变化情况如图 5.2（b）所示，图中实线和空心圆圈分别对应解析结果和数值模拟结果，图 5.2（b）与图 5.2（a）的透射曲线基本一致，除了在全反射附近出现的一条非常尖锐的全透射峰，而这条特殊的全透射峰可以称为声类比 EIT 现象。当两个缺陷半径的差距增大时，例如 $R_1 = 0.11\,\mathrm{m}$ ，$R_2 = 0.12\,\mathrm{m}$ （ $\delta = 1/12$ ）和 $R_1 = 0.1\,\mathrm{m}$ ，$R_2 = 0.12\,\mathrm{m}$ （ $\delta = 1/6$ ），相应的透射曲线如图 5.2（c）和图 5.2（d）所示。通过观察图 5.2（b）～图 5.2（d）中的结果，发现，随着两个缺陷半径差距的增大，EIT 透射峰的尖锐程度在减弱。

5.2　不同尺寸的缺陷产生声类比 EIT 现象的原因

为了进一步解释声类比 EIT 现象，公式（5.11）可以改写为

$$T = \frac{1}{1 + \mathrm{i}F} \tag{5.12}$$

其中，$F = f_1 + f_2$。则有

$$f_1 = \frac{\pi\eta_0}{h}\frac{R_1}{\eta_{21}}\frac{J_1(k_{21}R_1)}{J_0(k_{21}R_1)},\quad f_2 = \frac{\pi\eta_0}{h}\frac{R_2}{\eta_{22}}\frac{J_1(k_{22}R_2)}{J_0(k_{22}R_2)}$$

从公式（5.12）中可以看出，透射系数仅由 F 决定，而 F 又由 f_1（缺陷 1）和 f_2（缺陷 2）组成，这里的 f_1 和 f_2 可以用来表示两个缺陷的内部阻抗。这里选取 $R_1 = 0.115\,\mathrm{m}$ ，$R_2 = 0.12\,\mathrm{m}$ （ $\delta = 1/24$ ）为例来揭示声类比 EIT 现象背后的

物理机制，f_1和f_2随缺陷体模量的变化情况如图 5.3（a）和图 5.3（b）所示，图 5.3（a）中的虚线和实线分别为f_1和f_2的振幅，图 5.3（b）中的虚线和点线分别为f_1和f_2的相位。如前所述，当$J_0(k_{21}R_1)=0$时，f_1将会趋于无限大，此时发生声波的全反射，如图 5.3（a）中的虚线所示。因为两个缺陷半径的差距很小，当两个缺陷的体模量有细微的变化时，就可以使$J_0(k_{22}R_2)=0$，此时f_2也会趋于无限大，会再次发生声波的全反射，如图 5.3(a）中的实线所示。有意思的是，在这两次全反射之间，有一个非常特殊的点（图 5.3（a）中实线和虚线相交的点，用E标出）。在这一点，f_1和f_2具有相同的振幅，但是它们的相位却相差 π，因此，在这一点，F将会等于零，声波将会出现一次异常的全透射，也就是所谓的声类比 EIT 现象。这里保持R_2不变，改变R_1，当两个缺陷半径的差值逐渐增大时，为了使$J_0(k_{21}R_1)=0$，f_1对应的振幅曲线将会向缺陷体模量减小的方向移动（图 5.3（a）中虚线将会向左移动，如图 5.3（c）和图 5.3（d）中的虚线所示），与此同时，E点也将会向着缺陷体模量减小的方向移动，从而声类比 EIT 的尖锐程度会降低，而且此时f_1和f_2的振幅也相应地减小，这也意味着缺陷中声压场的幅值也在减小。

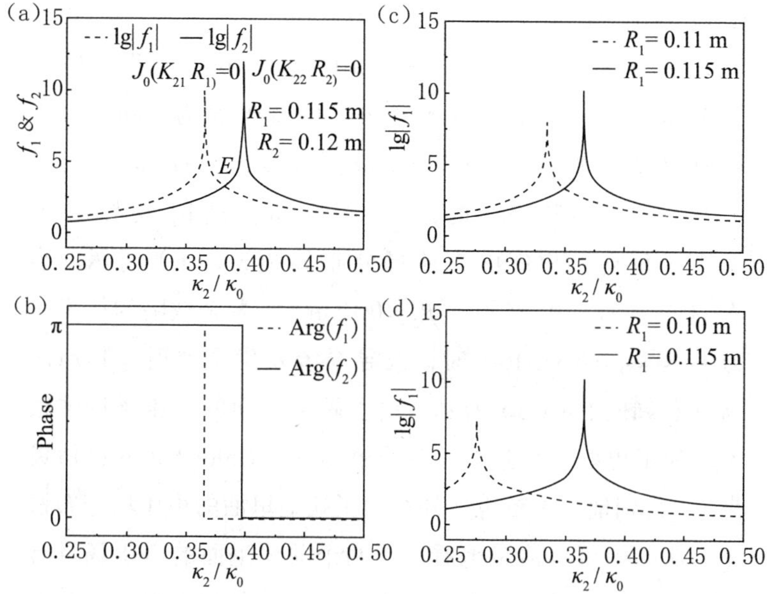

图 5.3　不同条件下 f_1 和 f_2 的振幅和相位随缺陷提模量的变化情况

注：(a) f_1 和 f_2 的振幅随缺陷体模量的变化情况；(b) f_1 和 f_2 的相位随缺陷体模量的变化情况；(c) R_1 分别为 0.11 m 和 0.115 m 时，f_1 的振幅随缺陷体模量的变化情况；(d) R_1 分别为 0.10 m 和 0.115 m 时，f_1 的振幅随缺陷体模量的变化情况。

5.3　数值仿真

接下来，用 COMSOL 软件进行数值仿真来验证理论分析的正确性。在数值仿真中，背景主媒质设为水，其密度和体模量分别为 $\rho_0 = 1\,000\ \text{kg/m}^3$ 和 $\kappa_0 = 2.22\ \text{GPa}$，ZIMs 的密度和体模量分别为 $10^{-4}\rho_0$ 和 $10^4\kappa_0$，我们暂时不考虑损耗的影响，将入射声波的幅值设为 1 Pa。对于 $\delta = 0$（$R_1 = R_2 = 0.12\ \text{m}$）的情况，当两个缺陷的体模量为 $\kappa_{21} = \kappa_{22} = 0.398\,5\kappa_0$ 时，$J_0(k_{21}R_1) = 0$，此时波导系统发生全反射，相应的声压场分布如图 5.4（a）所示。当 $\delta = 1/24$（$R_1 = 0.115\ \text{m}$，$R_2 = 0.12\ \text{m}$），两个缺陷的体模量为 $\kappa_{21} = \kappa_{22} = 0.382\,16\kappa_0$ 时，波导系统发生全透射，其声压场分布如图 5.4（b）所示。由于缺陷里面的声压场场强很大，为了更好地描述声波的全透效果，Color bar 的幅值设为 1。特别地，本节也另外给出了缺陷里面的声压场分布情况，从图中可以清楚地看出，两个缺陷里面的声压场具有相同的幅值，并且它们的相位差为 π。数值模拟结果与上节中对声类比 EIT 现象的理论解释一致，这里的声类比 EIT 现象的产生不同于之前研究的声全透射结果，以前人们认为要想在这一波导结构中实现声波的全透射，$J_0(k_{21}R_1) = 0$ 和 $J_0(k_{22}R_2) = 0$ 必须同时满足，而这里的声类比 EIT 现象的产生是两个缺陷耦合的结果。对于 $\delta = 1/12$ 和 $\delta = 1/6$，也可以得到与图 5.4（b）类似的结果，图 5.4（c）和图 5.4（d）为波导系统发生全透射时的声压场分布，缺陷的体模量分别为 $\kappa_{21} = \kappa_{22} = 0.365\,5\kappa_0$ 和 $\kappa_{21} = \kappa_{22} = 0.332\,4\kappa_0$。从图 5.4（b）～图 5.4（d）可以看出，随着缺陷半径差距的增大，两个缺陷中声压场的强度在减小，这也与上节的理论分析一致。

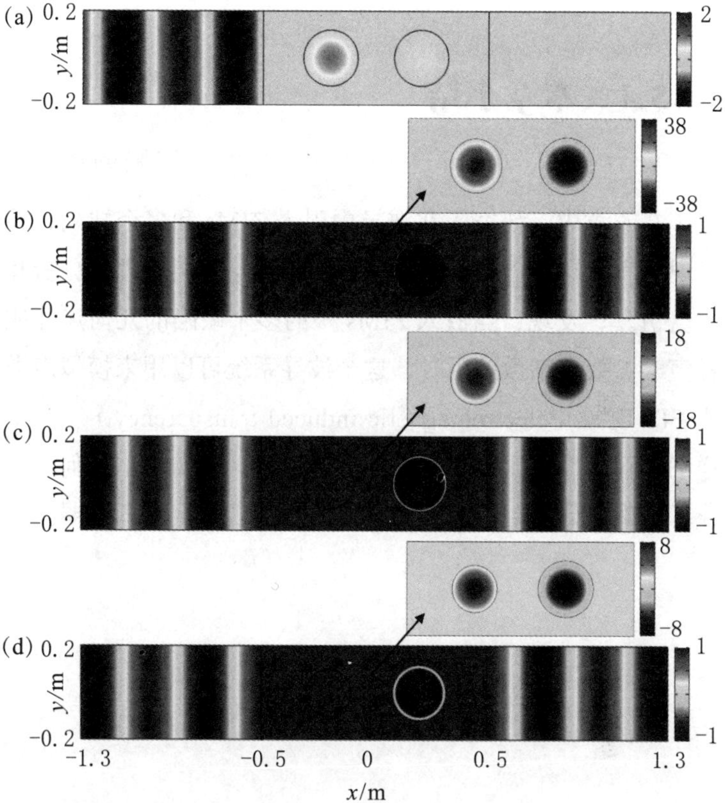

图 5.4　数值模拟的声压场分布图

注：（a）$\delta=0$　且　$\kappa_{21}=\kappa_{22}=0.398\,5\kappa_0$；（b）$\delta=1/24$　且 $\kappa_{21}=\kappa_{22}=0.382\,16\kappa_0$；(c) $\delta=1/12$　且　$\kappa_{21}=\kappa_{22}=0.365\,5\kappa_0$；(d) $\delta=1/6$且$\kappa_{21}=\kappa_{22}=0.332\,4\kappa_0$。

5.4 本章小结

在本章中，研究了在波导中引入 ZIMs 和多个缺陷，并发现了声波在传输过程中一些有趣的现象。通过理论分析和数值仿真，发现：当嵌入 ZIMs 中的多个缺陷的几何尺寸或者声学参数有细微差距时，这个波导系统可以用来模拟声类比 EIT 现象（electromagnetic induced transparency），本章详细解释了声类比 EIT 现象产生的原因，随着缺陷几何尺寸或者声学参数差距的增大，声类比 EIT 现象会逐渐减弱。

第 6 章　基于梳状结构的声超表面地毯隐身

6.1 引言

近年来，能够保护物体不被外部入射声波所探测到的声学斗篷引起了人们极大的兴趣[23-26,91-101]，包括完美斗篷[25]、多层斗篷[92]、超材料斗篷[94]和定向斗篷[101,179]等。坐标变换[23-26]和散射消除[99-101]是实现隐形斗篷的两种主要策略。一般来说，这些隐身斗篷的本构参数不均匀，各向异性或极端，从而阻碍了隐身斗篷的实验实现。为了突破这些限制，有人提议用地毯斗篷将物体隐藏在反射表面上[43,95-98]。例如，Popa 等人利用分层穿孔板在空气中设计出了二维声学地毯斗篷[95]。随后，Zigoneanu 等人制作了三维声学地毯斗篷并进行了实验验证[96]。Bi 等人利用分层的黄铜板设计了二维和三维水下声波地毯斗篷[97-98]。然而，上述地毯斗篷的厚度通常与所覆盖区域的大小相当，这妨碍了它们的实际应用。

超表面的出现为有效地控制电磁波和声波提供了一种方法[121-155]。超表面的亚波长厚度有利于相关功能器件的小型化。声学超表面被用来控制反射波或透射波的振幅和相位，从而产生了吸引人的功能和设备，如聚焦[137,139]、负折射[129,141]、单向传输[149,198]和高反射[143]。近年来，多种超表面地毯斗篷首先在电磁学中得到证实[122-123]。在声学领域，亥姆霍兹共鸣器、膜腔和螺旋腔已被成功用于实现二维声超表面地毯斗篷（acoustic metasurface carpet cloak,

AMCC）。[132-134,138,199] 然而，关于三维 AMCC 的研究相对较少。因此，在本章中提出了基于梳状结构的二维、三维 AMCC，并进行了理论与实验研究。

6.2 基于梳状结构的二维声超表面地毯隐身

6.2.1 斗篷模型

图 6.1（a）为本章提出的具有任意形状的二维 AMCC 的示意图。AMCC 由一个超表面构成，其可以具有任意的表面形状，其表面由外形函数 $z = z(x)$ 描述。AMCC 下面包裹的是待隐身的物体，其具有与斗篷同样的形状。该超表面地毯斗篷适用于坚硬的平面，待隐身的物体放置在一个坚硬的平面上，当平面上没有物体时，入射声波会直接经由平面反射，因此散射声场较为规律。而当平面上放置有待隐身的物体后，该物体的存在会使散射波经历额外的相位延迟，最终导致散射声场出现明显的扰动。因此，通过测量扰动后的散射声场就可以从声学上探测到该物体的存在。为了保护这个物体不被外界探测到，物体所带来的额外相位延迟需要得到补偿。

因此，在其表面覆盖一个梯度超表面，使超表面引入的相位延迟刚好补偿待隐身的物体引入的额外相位延迟。超表面外侧任意一点处反射波的相位要严格等于在坚硬平面裸露的情况下该点处反射波的相位，这样便将反射相位分布恢复至了没有任何物体时裸露的坚硬平面的反射相位分布。因此，该梯度超表面便可被视作一个二维 AMCC。

对于一列沿 $-z$ 方向入射的平面声波，超表面在高度 z_1 处提供的相位延迟 $\Delta\varphi$ 应补偿待隐身物体表面与坚硬平面之间的相位差，其可以表示为 $\Delta\varphi = 2k_0 z_1$。其中，k_0 为背景主媒质中的波数。在本章的研究中，设定背景主媒质为空气，它的密度为 $\rho_0 = 1.21\,\text{kg}\cdot\text{m}^{-3}$，体积模量为 $\kappa_0 = 1.42\times10^5\,\text{Pa}$。对于一列倾斜角度为 θ 的入射波，超表面需要满足的相位延迟为 $\Delta\varphi = 2k_0 z_1 \cos\theta$。当入射角度较小时，$\varphi'(r) \approx \varphi(r)$，因此，该超表面对倾斜角度较小的入射声波也具有隐身效果。

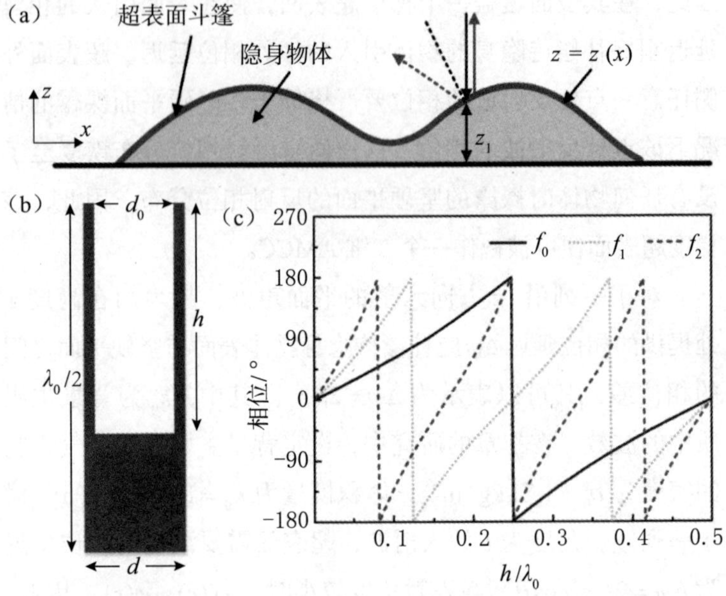

图 6.1 斗篷模型的相关示意图

注：(a) 二维声学超表面地毯隐身示意图；(b) 构成 AMCC 的基本梳状结构单元的结构示意图；(c) 梳状结构单元在频率 $f_0 = 3\,430$ Hz、$f_1 = 6\,860$ Hz 和 $f_2 = 10\,290$ Hz 时的反射相位随几何参数 h/λ_0 的变化情况。

本书所提出的 AMCC 由梳状结构单元构成。梳状结构单元的横向周期和厚度分别为 d 和 $\lambda_0/2$ 。其中，λ_0 为工作波长；凹槽的宽度和深度分别为 d_0 和 h。为了定量研究梳状结构单元的声学响应，我们利用 COMSOL Multiphysics 软件进行了有限元数值仿真。本研究设定工作频率为 $f_0 = 3\,430$ Hz ，对应的波长为 $\lambda_0 = 10$ cm 。单元的几何参数 d 和 d_0 分别设置为 1 cm 和 0.8 cm。该梳状结构单元是一个多频超表面，在基频和谐波频率上都能很好地工作[200]。梳状结构单元的顶端开口处的相位延迟主要由声波在凹槽内传播的波程决定。当频率$f_0 = 3\,430$ Hz、$f_1 = 6\,860$ Hz 和 $f_2 = 10\,290$ Hz 时梳状结构单元的相位响应随几何参数 h/λ_0 具有一定的变化关系。在基频f_0处，通过调整 h，梳状结构单元的反射相位延迟可以覆盖整个 $[0,2\pi]$ 区间，而且该相位延迟具有简单的近似线性关系：$\varphi_0 = 4\pi h/\lambda_0$。基频与谐波频率之间的波长关系为 $\lambda_0 = 2\lambda_1 = 3\lambda_2$，因此可以得出基频与谐波频率对应的相位延迟之间的关系为 $\varphi_0 = \varphi_1/2 = \varphi_2/3$。广义斯涅尔反射定律为[121]

$$\sin\theta_r - \sin\theta_i = \frac{\lambda}{2\pi}\frac{\mathrm{d}\varphi}{\mathrm{d}x}, \tag{4.1}$$

其中，θ_r 和 θ_i 分别为反射角和入射角；λ 为波长；$\varphi = \varphi(x)$ 为表面的相位响应。为了具有多频特性，附加项 $\frac{\lambda}{2\pi}\frac{\mathrm{d}\varphi}{\mathrm{d}x}$ 在 f_0、f_1 和 f_2 处应保持不变。我们注意到在 f_0、f_1 和 f_2 处，梳状结构单元的三个附加项之间的关系[200]为

$$\frac{\lambda_0}{2\pi}\frac{\mathrm{d}\varphi_0}{\mathrm{d}x} = \frac{\lambda_1}{2\pi}\frac{\mathrm{d}\varphi_1}{\mathrm{d}x} = \frac{\lambda_2}{2\pi}\frac{\mathrm{d}\varphi_2}{\mathrm{d}x} \tag{6.2}$$

公式（6.2）证实了该梳状结构单元的多频特性。

6.2.2 三角形隐身斗篷

1. 散射特性

接下来，本书设计了两种形状的AMCC，并证明本书实现隐身的方案对任意形状的物体都是有效的。首先，设计了一个AMCC来隐藏三角形物体，如图6.2所示。当AMCC被放置在坚硬的平面上时，它提供了一个三角形的空间来隐藏内部的物体。

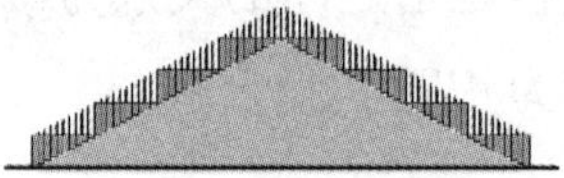

图6.2 三角形隐身斗篷的示意图

三角形物体的轮廓方程为

$$z_2 = -0.5|x| + 20d \ (-40d < x < 40d) \tag{6.3}$$

将其代入式 $\Delta\varphi = 2k_0 z_1$，可以得到该三角形物体所需要的隐身斗篷应具有的理想的、连续的相位延迟：

$$\Delta\varphi_2 = 2k_0(20d - 0.5|x|) \tag{6.4}$$

图6.3中的实线绘制了频率为3 430 Hz时AMCC的理想相位延迟随几何参数 x/d 的变化关系。其中，d 为梳状结构单元的横向周期。在实际的设计中，该理想的连续相位延迟被超表面提供的离散相位延迟（圆点）所近似。根据该相位延迟曲线，一个相位周期选择10个梳状结构单元，其以 $\pi/5$ 的步长覆盖 2π 范围。因此，这10个梳状结构单元的凹槽深度为从0到 $9\lambda_0/20$，步长为 $\lambda_0/20$。所设计的超表面总

共由 80 个梳状结构单元构成，超表面紧贴在物体表面。图 6.3 中的点表示 AMCC 的离散相位延迟以取代连续相位延迟（实线）。

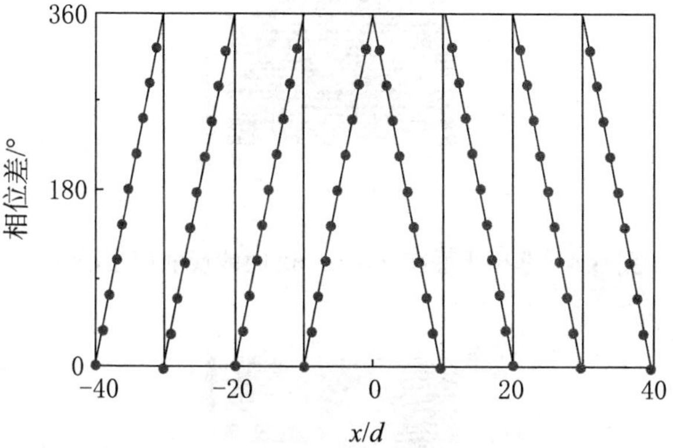

图 6.3　频率为 3 430 Hz 时的理论连续反射相位延迟（实线）和梳状结构单元提供的离散反射相位延迟（点）

在数值模拟中，将求解区域的底部边界设置为理想硬边界，以模拟一个坚硬的平面。其他几个边界设置为完美匹配层，以减少边界散射。入射声波为连续的平面波，其声压幅值为 1 Pa。图 6.4 ～图 6.7 分别绘制了坚硬的平面、裸露的三角形物体和覆盖超表面后的物体在 3 430 Hz 时的反射声压场分布。没有任何物体时，入射声波被坚硬的平面直接反射，反射声亚场较为规律，如图 6.4 所示。当有一个裸露的三角形物体后，反射声压场产生了较大的扰动，在物体上方形成了一个明显的声阴影区，如图 6.5 所示。当这个物体被设计的超表面覆盖后，反射声压场又恢复到没有任何物体时的情况，如图 6.6 所示。因此，设计的超表面成功地恢复了反射声压场，对其包裹的物体实现了隐身。

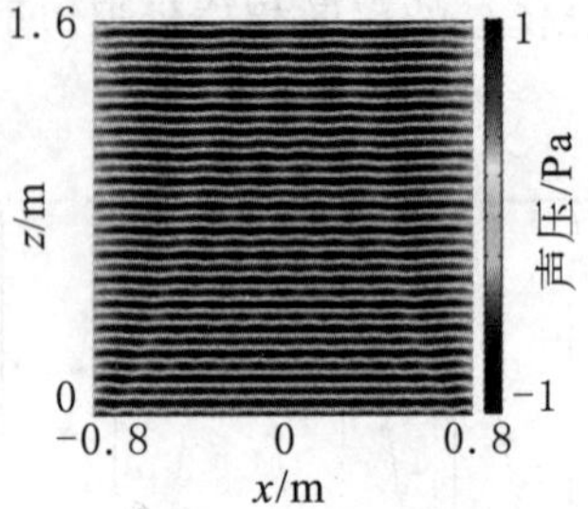

图 6.4　坚硬平面在 3 430 Hz 时的反射声压场分布

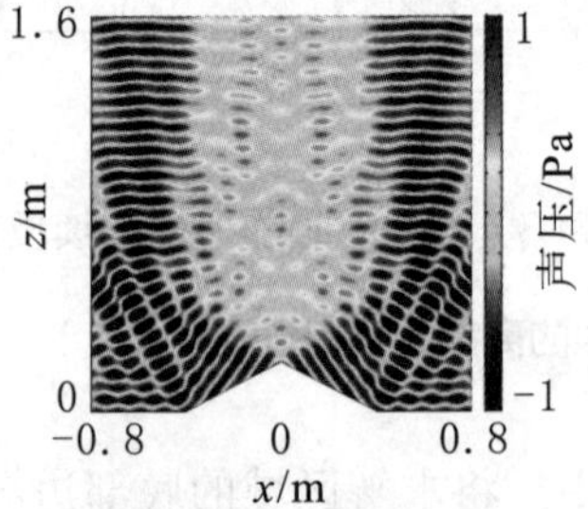

图 6.5　裸露的三角形物体在 3 430 Hz 时的反射声压场分布

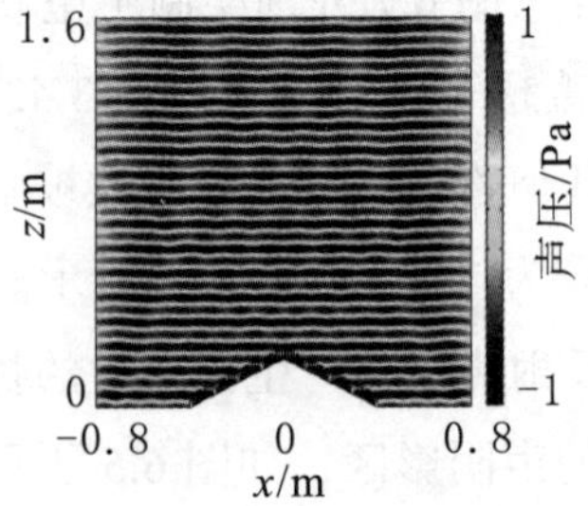

图 6.6　覆盖超表面后的物体在 3 430 Hz 时的反射声压场分布

图 6.7 和图 6.8 分别为覆盖超表面后的物体在 6 860 Hz 和 10 290 Hz 时的反射声压场分布，两者的反射声压场显示的是平面波前，与坚硬平面反射的情况一致。图 6.7 和图 6.8 的数值结果证明了 AMCC 在 6 860 Hz 和 10 290 Hz 时具有良好的隐身性能。因此，所提出的 AMCC 可以在多频率下工作。这种多频 AMCC 在强非线性声源中起着重要的作用。

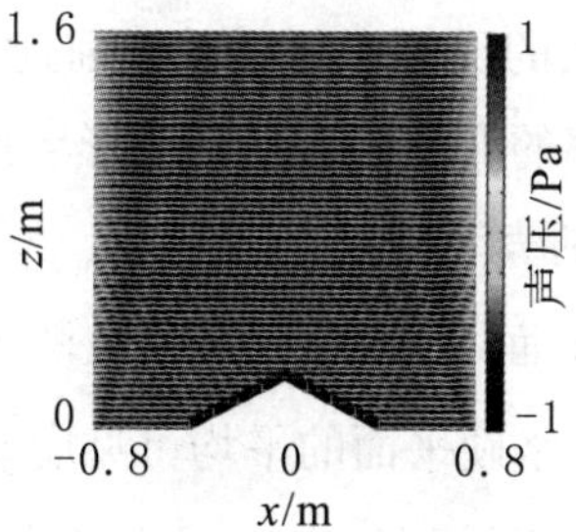

图 6.7　覆盖超表面后的物体在 10 290 Hz 时的反射声压场分布

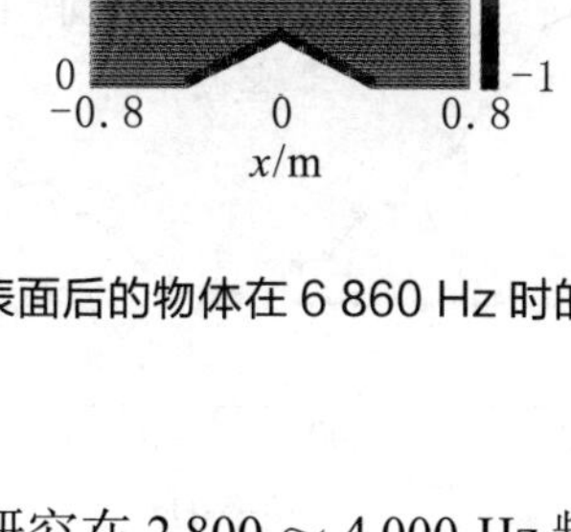

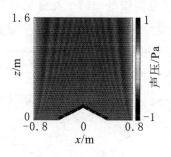

图 6.8　覆盖超表面后的物体在 6 860 Hz 时的反射声压场分布

2. 工作带宽

接下来，本研究在 2 800 ～ 4 000 Hz 频率范围内进行一系列数值仿真来揭示隐身斗篷的频率特性。为了定量表征隐

身效果，引入物体的平均可见度，将其定义为[94,101,201]

$$\gamma = \frac{1}{N}\sum_i \frac{|P_{\max, i}| - |P_{\min, i}|}{|P_{\max, i}| + |P_{\min, i}|} \tag{6.5}$$

其中，$P_{\max, i}$ 和 $P_{\min, i}$ 分别表示第 i 个波阵面上总声压幅值的最大值和最小值；N 是考查的波阵面的总数。对于地毯斗篷，平均可见度仅对法向入射平面波有效。在坚硬的平面和覆盖超表面后的物体上的反射声压场的波前连续。图 6.9 绘制了平均可见度随频率的变化关系。三角形－虚线、方形－虚线和圆圈－虚线分别表示裸露的物体 γ_{object}、覆盖超表面后的物体 γ_{cloak} 和坚硬平面 γ_{ground} 的结果。从图中可以观察到，在整个频率范围内，坚硬平面的平均可见度 γ_{ground} 保持在 0.2 左右，而裸露物体的平均可见度 γ_{object} 保持在 0.9 左右。当入射频率为 3 430 Hz 时，覆盖超表面后的物体的平均可见度 γ_{cloak} 为 0.177，非常接近坚硬平面的平均可见度 0.166，这证实了所设计的斗篷在设计的频率下表现出近乎完美的隐身性能。

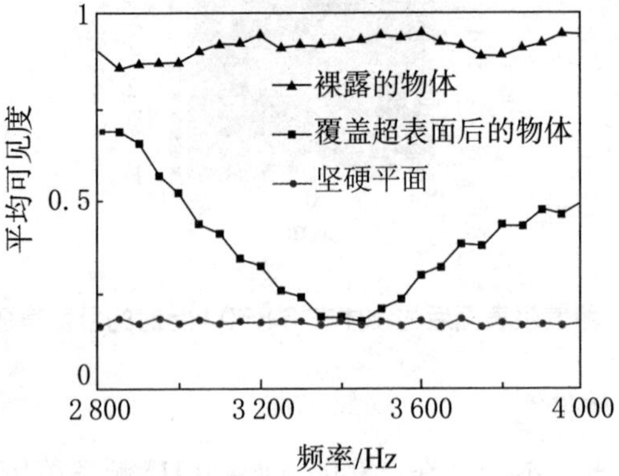

图 6.9　平均可见度随频率的变化情况

为了定量表征隐身斗篷的带宽，进一步引入了斗篷的适应度函数 F，它可以表示为[201]

$$F = 1 - \frac{\gamma_{\text{cloak}} - \gamma_{\text{ground}}}{\gamma_{\text{object}} - \gamma_{\text{ground}}} \tag{6.6}$$

图 6.10 绘制了仿真的隐身斗篷的适应度函数 F 随频率的变化关系。从图中可以发现，当入射声波频率为 3 430 Hz 时，适应度函数 F 的值约为 1。将适应度函数 F 的值大于 0.7 时所对应的频率范围定义为隐身斗篷的工作带宽[94,201]。因此，设计的隐身斗篷的工作带宽为 3 110 ～ 3 750 Hz，如图 6.10 中的虚线所示。值得注意的是，这种隐身斗篷在谐波频率 6 860 Hz（10 290 Hz）附近也能很好地工作。这里，为了简单起见，本书只研究了在基频 3 430 Hz 附近的带宽。

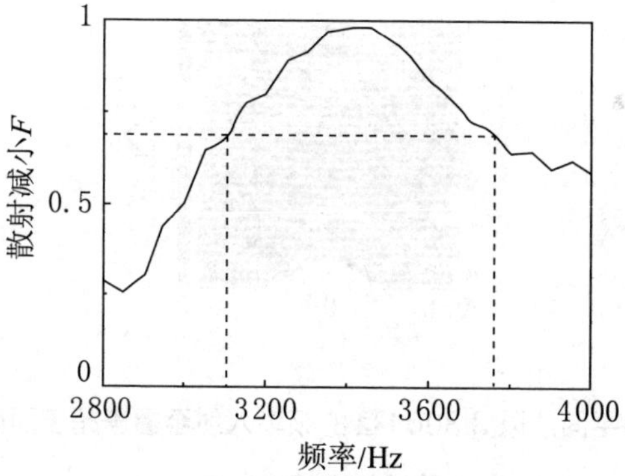

图 6.10　散射减少随频率的变化情况

图 6.11 ～图 6.14 分别绘制了入射声波的频率为 3 100 Hz、3 300 Hz、3 500 Hz 和 3 800 Hz 时覆盖超表面后的物体的散射声压场分布。从图中我们可以发现，反射声波的波

前几乎被完全恢复成平面形状，只有一些轻微的扰动，这证实了所设计的斗篷具有优异的带宽特性，该斗篷在较宽的工作频带内均具有优异的隐身效果。

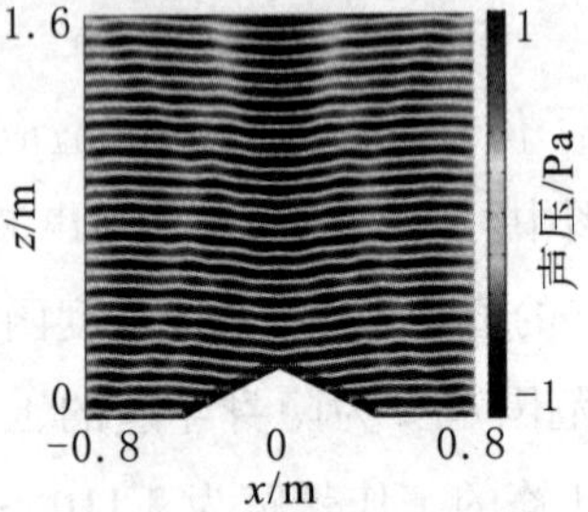

图 6.11　声平面波以 3 100 Hz 的频率入射至覆盖超表面后的物体时的反射声压场分布

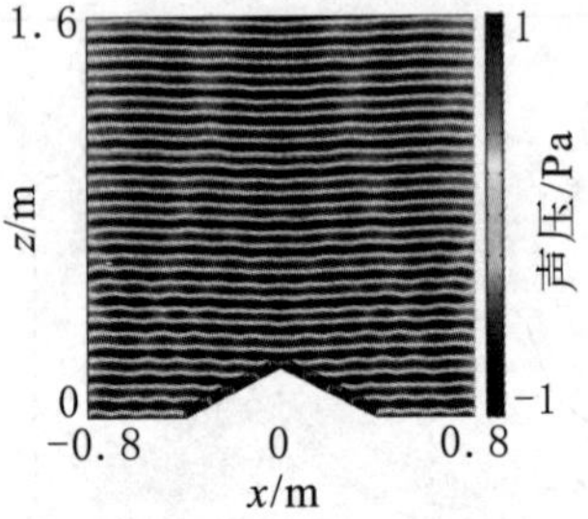

图 6.12　声平面波以 3 300 Hz 的频率入射至覆盖超表面后的物体时的反射声压场分布

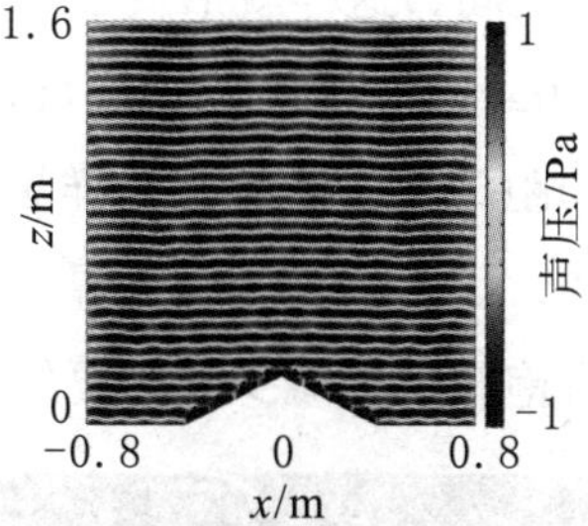

图 6.13　声平面波以 3 500 Hz 的频率入射至覆盖超表面后的物体时的反射声压场分布

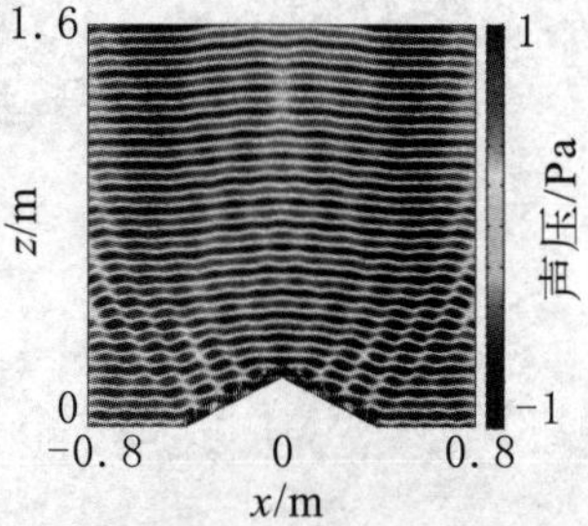

图 6.14　声平面波以 3 800 Hz 的频率入射至覆盖超表面后的物体时的反射声压场分布

3. 实验研究

图 6.15（a）中展示了对 AMCC 进行实验研究的装置图，该 AMCC 是用塑料通过 3D 打印技术制作而成的，而要隐藏的物体是由有机玻璃制成的。一个小型扬声器被放置在（0, 1.94 m）处，该扬声器被用于发射频率为 3 430 Hz 的球面声波。本研究将实验样品放置在两个平行的有机玻璃

板（1.2 m×2 m）之间，这样就形成了二维实验环境。测量区域为一个以（0, 0.4 m）为中心的 0.81 m×0.21 m 矩形区域，每个测量点之间的距离为 1.5 cm。在样品后面放置一条由有机玻璃制成的长条，以形成声学硬边界，在有机玻璃板的其他边界上安装吸音泡沫，以减少不必要的反射。

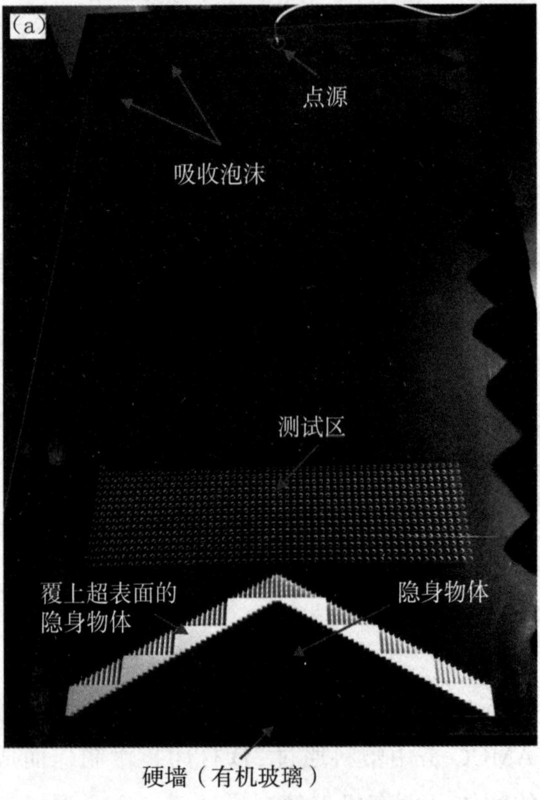

图 6.15　对 AMCC 进行实验的装置图和声压场分布图

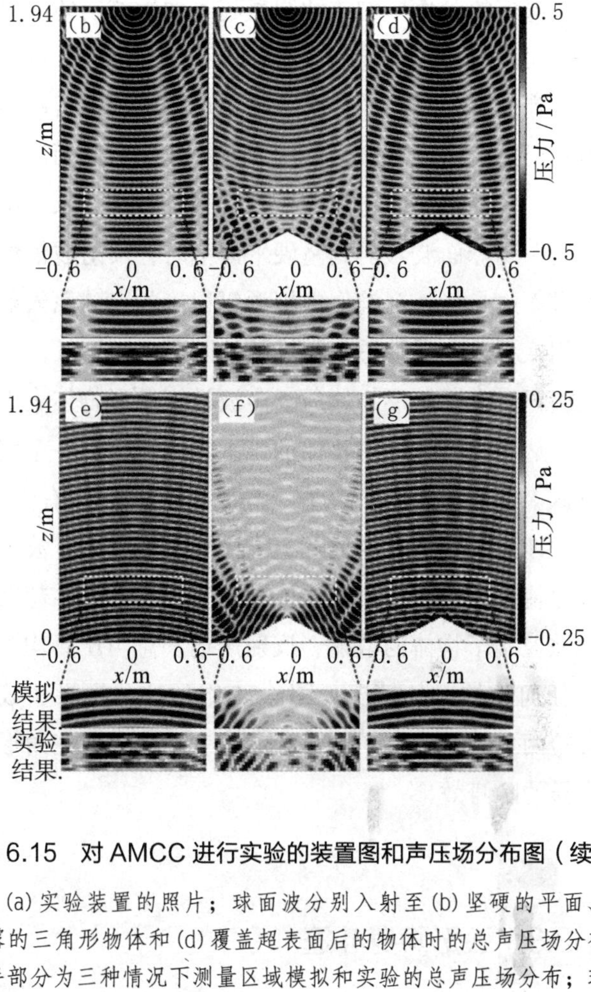

图 6.15　对 AMCC 进行实验的装置图和声压场分布图（续）

注：(a) 实验装置的照片；球面波分别入射至 (b) 坚硬的平面、(c) 裸露的三角形物体和 (d) 覆盖超表面后的物体时的总声压场分布，下半部分为三种情况下测量区域模拟和实验的总声压场分布；球面波分别入射至 (e) 坚硬的平面、(f) 裸露的三角形物体和 (g) 覆盖超表面后的物体时的反射声压场分布，下半部分：三种情况下测量区域模拟和实验的反射声压场分布；入射声波的频率为 3 430 Hz。

图 6.15（b）～图 6.15（d）分别绘制了仿真得到的坚

硬平面、裸露的三角形物体和覆盖超表面后的物体的总声压场分布，而图 6.15（e）～图 6.15（g）分别绘制了区域模拟和实验得到的坚硬平面、裸露的三角形物体和覆盖超表面后的物体的反射声压场分布，其中入射声波均为球面波。在每种情况下，实验结果均与数值模拟结果相吻合。从图中可以发现，当一列球面波入射到坚硬平面上时，反射波依然为球面波，只不过是从一个镜像虚拟源辐射出的。球面入射波和反射波相互干涉，导致总声压场的波阵面不再连续。当坚硬平面上放置一个三角形物体后，声波被三角形物体表面反射向两侧，从而在反射场中物体的正上方区域留下一个明显的声阴影区。因此，总声压场在三角形物体表面具有强烈的、复杂的干涉模式，而在物体正上方区域干涉较小，波阵面依然近似保持连续。当三角形物体被超表面覆盖后，超表面近乎完全地遏制了物体的散射，反射声场和总声压场均被恢复到没有任何物体时的情况。图 6.15 中的这些结果从数值模拟和实验两个方面证实了所设计的超表面可以对三角形物体实现优异的隐身效果。

6.2.3 弧形隐身斗篷

有效的相位调制使这种 AMCC 能够隐藏几乎任意形状的物体。接下来，本书设计一个隐身斗篷来对一个弧形物体进行隐身，如图 6.16（a）所示。当 AMCC 被放置在坚硬的平面上时，它提供一个弧形区域来隐藏内部的物体。弧形物

体的轮廓方程为

$$z_3 = \sqrt{R^2 - x^2} - \cos 40^\circ R \qquad (6.7)$$

其中，$-\sin 40^\circ R < x < \sin 40^\circ R$；弧形物体的半径为 $R = 64d$。将其代入式 $\Delta\varphi = 2k_0 z_1$，可以得到该弧形物体需要的隐身斗篷应具有的理想的、连续的相位延迟为

$$\Delta\varphi_3 = 2k_0\left(\sqrt{R^2 - x^2} - \cos 40^\circ R\right) \qquad (6.8)$$

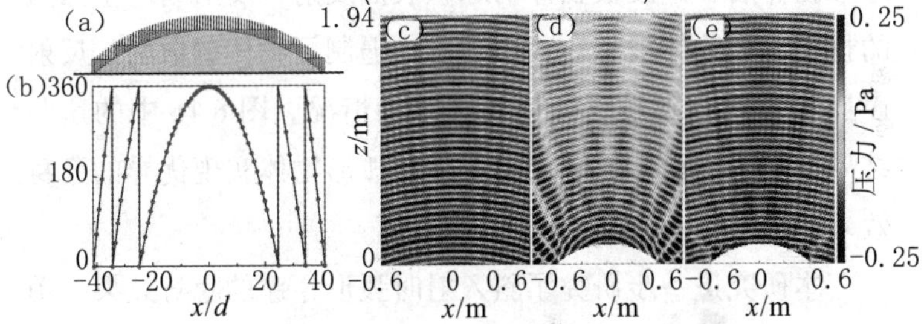

图 6.16　弧形隐身斗篷的示意图和相位图

注：(a) 弧形隐身斗篷的示意图；(b) 频率为 3 430 Hz 时，理论上需要的连续反射相位延迟（实线）和由梳状结构单元提供的离散反射相位延迟（点）；球形声波入射至 (c) 坚硬平面、(d) 裸露的弧形物体和 (e) 覆盖超表面后的物体时的反射声压场分布；球形声波的频率为 3 430 Hz。

图 6.16（b）中的实线绘制了频率为 3 430 Hz 时，AMCC 的理想相位延迟随几何参数 x/d 的变化关系。在实际的设计中，该理想的连续相位延迟被超表面提供的离散相位延迟（点）近似。图 6.16（b）中的圆点表示 AMCC 的离散相位延迟取代连续相位延迟（实线）。所设计的超表面总共由 84 个梳状结构单元构成，超表面紧贴在弧形物体表面。

数值仿真中，设置入射声波为频率为 3 430 Hz 的连续球面波，其由位于（0,1.94 m）处的点源辐射出。图 6.16(c)～图 6.16（e）分别绘制了坚硬平面、裸露的弧形物体和覆盖超表面后的物体的反射声压场分布。从图中可以发现，当一列球面波入射到坚硬平面上时，反射波依然为球面波，只不过是从一个镜像虚拟源辐射出的。当坚硬平面上放置一个半球形物体后，声波被物体的球状表面反射，反射场产生强烈的扰动。当物体被超表面覆盖后，遏制了物体的散射，反射声压场被恢复到没有任何物体时的情况。图 6.16 中的这些结果证实了所设计的超表面可以对弧形物体实现优异的隐身效果。

本研究进一步研究了斜入射时弧形斗篷的隐身效果。图 6.17（a）～图 6.17（c）分别绘制了坚硬的平面、裸露的弧形物体和覆盖超表面后物体的反射声压场分布，入射的平面声波沿 $-z$ 方向传播。没有任何物体时，入射声波被坚硬的平面直接反射，反射声场较为规律，图 6.17（a）中的声场为平面波前。当有一个裸露的弧形物体后，反射声压场产生了较大的扰动，如图 6.17（b）所示。当这个物体被设计的超表面覆盖后，反射声场又恢复到没有任何物体时的情况。因此，设计的超表面成功地恢复了反射声压场，对其包裹的物体实现了隐身。图 6.17（d）～图 6.17（f）分别绘制了坚硬的平面、裸露的弧形物体和覆盖超表面后的物体的反射声压场分布，入射声波入射角度均为 10°。没有任何物体时，入射声波被坚硬的平面直接反射，反射声场较为规律，波阵面依然保持平面形状。当有一个裸露的弧形物体后，反射声场产生了较大的扰乱。当这个物体被所设计的超表面覆盖后，反射声场又恢复到没有任何物体时的情况。当入射角进一步增加到 20° 时，图 6.17（g）～图 6.17（i）分别绘制了坚硬的平面、裸露的弧形物体和覆盖超表面后的物体的反射声压场分布。与没有任何物体时的情况相比，在物体覆盖超表面后，散射场的右上方区域依然存在较大的扰动，隐身效果较差。这些结果表明，所设计的超表面隐身斗篷在入射角度小于 10° 时具有优异的隐身效果。

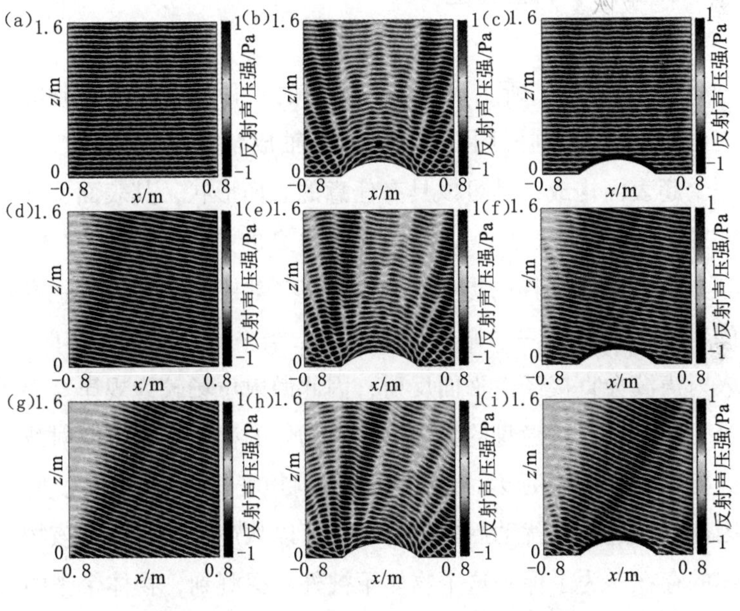

图 6.17　斜入射时弧形斗篷的隐身效果图

注：平面波入射至 [(a)、(d) 和 (g)] 坚硬平面、[(b)、(e) 和 (h)] 裸露的弧形物体、[(c)、(f) 和 (i)] 覆盖超表面后的物体时的反射声压场分布。(a) ~ (c)、(d) ~ (f) 和 (g) ~ (i) 的入射角度分别为 0°、10° 和 20°。

6.3 基于梳状结构的三维声超表面地毯隐身

6.3.1 斗篷模型

图 6.18（a）所示为本书所提出的一种具有任意形状的三维 AMCC 的剖面图，其关于 OZ 轴成轴对称。AMCC 由一个超表面构成，其可以具有任意的表面形状，其表面由外形函数 $z=z(r)$ 描述。AMCC 下面包裹的是待隐身的物体，其具有与斗篷同样的形状，也关于 OZ 轴成轴对称。待隐身的物体被放置在一个坚硬的平面上。当平面上没有物体时，入射声波会直接经由平面反射，因此散射声场较为规律。而当平面上放置待隐身的物体后，该物体的存在会使得散射波经历额外的相位延迟，最终导致散射声场出现明显的扰动。因此，通过测量扰动后的散射场，可以从声学上探测到该物体的存在。为了保护这个物体不被外界探测到，物体带来的额外相位延迟需要得到补偿。因此，本研究在物体表面覆盖一个梯度超表面，使得超表面引入的相位延迟刚好补偿待隐身的物体引入的额外相位延迟。超表面外侧任意一点处反射波的相位要严格等于在裸露的坚硬平面情况下该点反射波的

相位，这样便将反射相位的分布恢复至了没有任何物体时裸露的坚硬平面的反射相位分布。因此，该梯度超表面便可视作一个三维 AMCC。

对于一列沿 -z 方向入射的平面声波，超表面在半径 r 处提供的相位延迟 $\varphi(r)$ 应补偿待隐身物体表面与坚硬平面之间的相位差，其可以表示为

$$\varphi(r)=2k_0z(r) \tag{6.9}$$

其中，k_0 是背景主媒质中的波数。在本章的研究中，设定背景主媒质为空气，它的密度为 $\rho_0=1.21\,\mathrm{kg\cdot m^{-3}}$，体积模量为 $\kappa_0=1.42\times10^5\,\mathrm{Pa}$。而对于一列倾斜角度为 θ 的入射波，超表面需要满足的相位延迟为 $\varphi'(r)=2k_0z(r)\cos\theta$。当入射角度较小时，$\varphi'(r)\approx\varphi(r)$，因此，该超表面对倾斜角度较小的入射声波具有隐身效果。

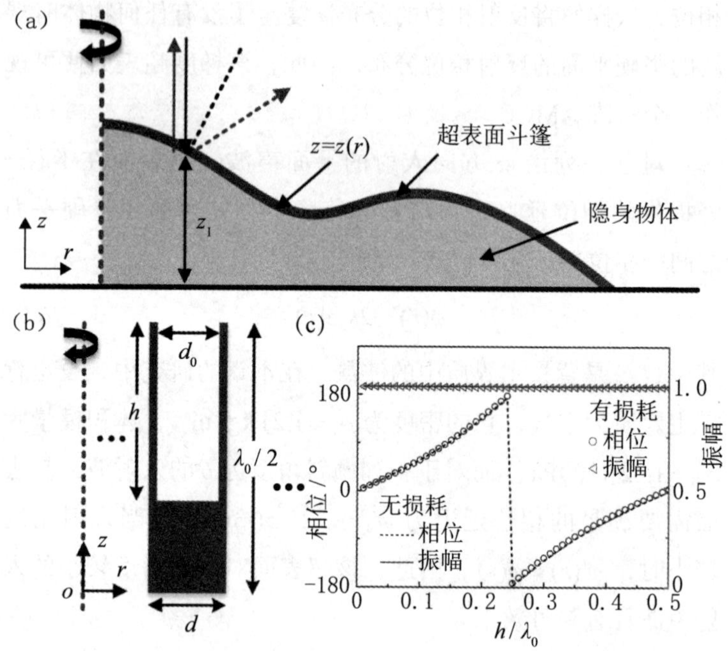

图 6.18　三维 AMCC 结构图及相位和振幅变化图

注：(a) 具有任意形状的三维 AMCC 的剖面图；(b) 构成 AMCC 的基本梳状结构单元的结构示意图；(c) 梳状结构单元的反射相位和振幅随 h/λ_0 的变化情况。

本书所提出的 AMCC 由梳状结构单元构成。图 6.18(b) 所示为梳状结构单元的截面图，其关于 OZ 轴成轴对称。梳状结构单元的横向周期和厚度分别为 d 和 $\lambda_0/2$ 。其中，λ_0 为工作波长，凹槽的宽度和深度分别为 d_0 和 h。梳状结构单元的顶端开口处的相位延迟主要由声波在凹槽内传播的波程决定。为了定量研究梳状结构单元的声学响应，本研究利用 COMSOL Multiphysics 软件进行有限元数值仿真。设定工作

频率为 $f_0 = 6\,860\ \text{Hz}$，对应的波长为 $\lambda_0 = 50\ \text{mm}$，将单元的几何参数 d 和 d_0 分别设置为 8 mm 和 6 mm。图 6.18（c）绘制了仿真得到的梳状结构单元的振幅和相位响应随几何参数 h/λ_0 的变化关系。不考虑损耗时（实线），反射振幅始终为 1.0。在考虑单元的固有损耗后（圆圈），反射振幅始终大于 0.997，这表示该梳状结构单元具有高效的声能反射率。与迷宫型结构单元或共振型结构单元不同，梳状结构单元具有简单的几何形状并且具有非共振特性，从而导致其具有高效的反射率。因此，简单起见，本章的后续仿真中忽略损耗的影响。此外，从图中还可以发现，通过调整 h，梳状结构单元的反射相位延迟可以覆盖整个 $[0, 2\pi]$ 区间，而且该相位延迟具有简单的近似线性关系 $\varphi_0 = 4\pi h/\lambda_0$。无论待隐身的物体有多大，该超表面的厚度都是波长的一半。与基于变换声学的地毯斗篷相比，这种超表面地毯斗篷具有超薄的厚度，因此，有利于实验的验证和实际的应用。超表面由一系列梳状结构单元构成，每个单元的凹槽深度经过精心设计，最终使得超表面的相位延迟满足地毯斗篷所需的相位延迟 $\varphi(r)$，以达到优异的隐身结果。

6.3.2 圆锥形隐身斗篷

1. 散射声场特性

本书首先设计了一个 AMCC 来隐藏圆锥形物体，如图 6.19（a）所示。圆锥形物体的轮廓方程为 $z_4(r)=12.5d-0.5r\ (0\leqslant r<25d)$，将其代入式（6.9），可以得到该圆锥形物体所需要的隐身斗篷应具有的理想的、连续的相位延迟为

$$\varphi_4(r)=k_0(25d-r) \tag{6.10}$$

图 6.19（b）中的实线绘制了 AMCC 的理想相位延迟随几何参数 r/d 的变化关系。在实际的设计中，该理想的连续相位延迟被超表面提供的离散相位延迟（虚线）所近似。所设计的超表面总共由 26 个梳状结构单元构成，超表面紧贴在物体表面。根据图 6.5（c）中的数据和式（6.10），构成超表面的所有结构单元的凹槽深度可以被分别确定出来，如图 6.6（c）中展示的结果。

在数值模拟中，本研究将求解区域的底部边界设置为理想硬边界，以模拟一个坚硬的平面，将其他几个边界设置为完美匹配层，以减少边界散射。同时，为了减少计算时间，本研究建立了 2D 轴对称模型进行仿真。入射声波为连续的平面波，其声压幅值设置为 1 Pa，入射声波的频率设置为 6 860 Hz。图 6.19（d）～图 6.19（f）分别绘制了坚硬的平面、裸露的圆锥形物体和覆盖超表面后物体的反射声压场分布。没有任何物体时，入射声波被坚硬的平面直接反射，反

射声场较为规律，图 6.19（d）中的声场为平面波前。当有一个裸露的圆锥物体后，反射声压场产生了较大的扰动，在物体上方形成了一个明显的声阴影区，如图 6.19（e）所示。当这个物体被设计的超表面覆盖后，反射声场又恢复到没有任何物体时的情况。因此，设计的超表面成功地恢复了反射声压场，对其包裹的物体实现了隐身。

本书进一步研究了斜入射时圆锥形斗篷的隐身效果。图 6.19（g）～图 6.19（i）分别绘制了坚硬的平面、裸露的圆锥形物体和覆盖超表面后的物体的反射声压场分布，声波的入射角度均为 10°。没有任何物体时，入射声波被坚硬的平面直接反射，反射声场较为规律，波阵面依然保持平面形状。当有一个裸露的圆锥物体后，反射声场产生了较大的扰乱，在物体右上方形成了一个明显的声阴影区。当这个物体被所设计的超表面覆盖后，反射声场又恢复到没有任何物体时的情况。当入射角进一步增加到 20° 时，图 6.19（j）～图 6.19（l）分别绘制了坚硬的平面、裸露的圆锥形物体和覆盖超表面后的物体的反射声压场分布。与没有任何物体时的情况相比，覆盖超表面后散射场的右上方区域依然存在较大的扰动，隐身效果较差。这些结果表明，所设计的超表面隐身斗篷在入射角度小于 10° 时具有优异的隐身效果。

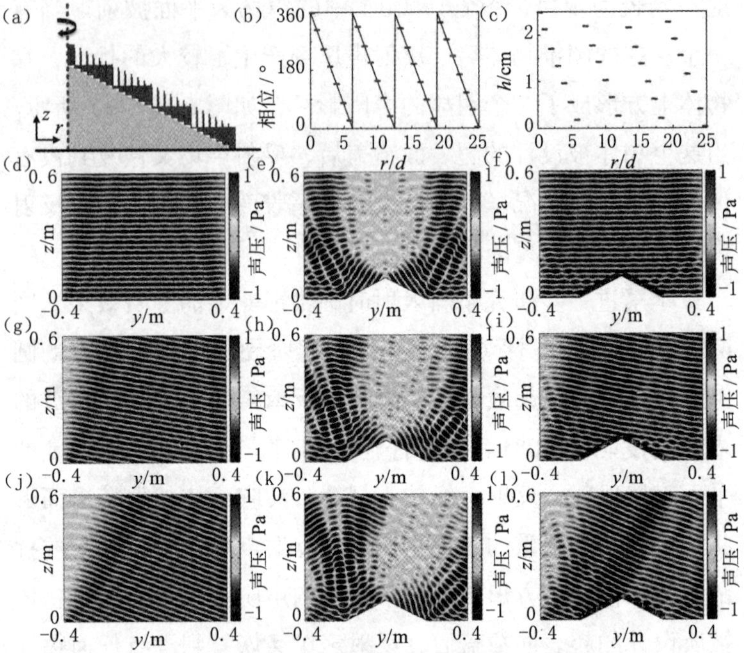

图 6.19　圆锥形隐身斗篷的散射声场特性图

注：(a) 圆锥形隐身斗篷二维截面图；(b) 梳状结构单元提供的连续反射相位延迟（实线）和离散反射相位延迟（虚线）；(c) 构成 AMCC 的结构单元的凹槽深度；平面波入射至 [(d)、(g) 和 (j)] 坚硬平面、[(e)、(h) 和 (k)] 裸露的圆锥形物体、[(f)、(i) 和 (l)] 覆盖超表面后的物体时的反射声压场分布；(d) ~ (f)、(g) ~ (i) 和 (j) ~ (l) 的入射角度分别为 0°、10° 和 20°。

2. 工作带宽

接下来，本研究在 5 500 ～ 8 000 Hz 频率范围内进行一系列的仿真来揭示隐身斗篷的频率特性。依据式（6.5），仿真计算得到了平均可见度随频率的变化关系，如图 6.20（a）

所示。图中得到的结果是在 y–z 平面中获得的，由于几何对称性，在 x–z 平面中得到的结果与 y–z 平面中得到的结果相似。三角形 – 虚线、方形 – 虚线和圆圈 – 虚线分别表示裸露的物体 γ_{object}、覆盖超表面后物体 γ_{cloak} 和坚硬的平面 γ_{ground} 的结果。从图中可以观察到，在整个研究的频率范围内，坚硬平面的平均可见度 γ_{ground} 约为 0.17，而裸露物体的平均可见度 γ_{object} 约为 0.9。当入射频率为 6 860 Hz 时，隐身斗篷的平均可见度 γ_{cloak} 约为 0.182，非常接近坚硬平面的平均可见度 0.176，这证实了所设计的斗篷在设计的频率下表现出近乎完美的隐身性能。

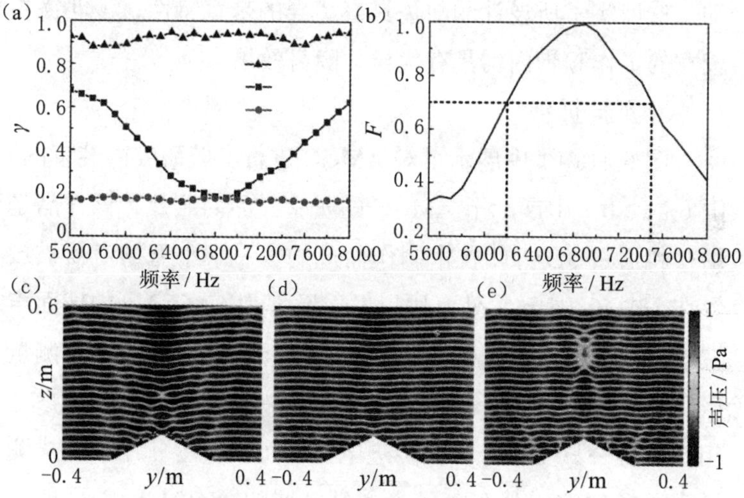

图 6.20　圆锥形隐身斗篷的频率特性图

注：(a) 平均可见度 γ 随频率的变化情况；(b) 散射减少 F 随频率的变化情况；(a) 和 (b) 在 y–z 平面中获得；(c) ~ (e) 为频率分别为 6 200 Hz、6 600 Hz、7 000 Hz 时，平面波入射至覆盖超表面后的物体时的反射声压场分布。

图 6.20（b）绘制了依据式（6.6）仿真计算得到的隐身斗篷的适应度函数 F 随频率的变化关系。从图中可以发现，当入射声波频率为 6 860 Hz 时，适应度函数 F 的值约为 1。本研究将适应度函数 F 的值大于 0.7 时所对应的频率范围定义为隐身斗篷的工作带宽[201]。因此，设计的隐身斗篷的工作带宽为 6 200 ～ 7 500 Hz，带宽约为 1 300 Hz，如图 6.20（b）中的虚线所示。图 6.20（c）～图 6.20（e）分别绘制了入射声波的频率为 6 200 Hz、6 600 Hz 和 7 000 Hz 时覆盖超表面后的物体的散射声压场分布。从图中可以发现，反射声波的波前几乎被完全恢复成平面形状，只有一些轻微的扰动。这证实了所设计的斗篷具有优异的带宽特性，该斗篷在较宽的工作频带内均具有优异的隐身效果。

3. 实验研究

图 6.21(a）中展示了对 AMCC 进行实验研究的装置图。图 6.21（b）中展示了 AMCC 的实验样品的照片，该样品是用塑料通过 3D 打印技术制作而成的。一个小型扬声器被放置在（0，0，1 m）处，用以发射频率为 6 860 Hz 的球面声波。两只 1/4 英寸麦克风（Brüel & Kjær 4938 型）用来测量声压场分布。其中一只麦克风固定在一点，以测量获得参考相位，另一只麦克风绑在步进电机的机械臂上，用以扫描测量声压场的空间分布。两个测量区域如图 6.21（a）中的矩形区域所示，其大小分别为 0.25 m × 0.1 m 和 0.15 m × 0.1 m。本研究在 y 和 z 方向上每个波长测量八个点。

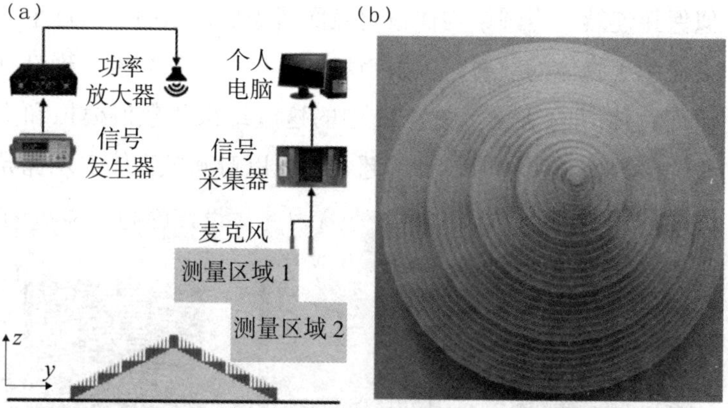

图 6.21　制作 3D 隐身斗篷的实验装置图和样品照片

注：(a) 实验装置示意图；(b) 制作的 3D 隐身斗篷的样品照片。

图 6.22（a）～图 6.22（c）分别绘制了仿真得到的坚硬平面、裸露的圆锥形物体和覆盖超表面后物体的反射声压场分布，而图 6.22（d）～图 6.22（f）分别绘制了仿真和实验得到的坚硬平面、裸露的圆锥形物体和覆盖超表面后物体的总声压场分布。其中，入射声波均为球面波。在每种情况下，实验结果均与数值模拟结果相吻合。从图中可以发现，当一列球面波入射到坚硬平面上时，反射波依然为球面波，只不过是从一个镜像虚拟源辐射出的。球面入射波和反射波相互干涉，这导致了总声压场的波阵面不再连续。当坚硬平面上放置一个圆锥形物体时，声波被圆锥形物体表面反射向两侧，从而在反射场中物体的正上方区域留下一个明显的声阴影区。因此，总声压场在圆锥物体表面具有强烈的、复杂的干涉模式，而在物体正上方区域干涉较小，波阵面依然近

似保持连续。当圆锥物体被超表面覆盖后，该超表面近乎完全遏制了物体的散射，反射声场和总声压场均被恢复到没有任何物体时的情况。图 6.22 中的这些结果从数值模拟和实验两个方面证实了所设计的超表面可以对圆锥物体实现优异的隐身效果。

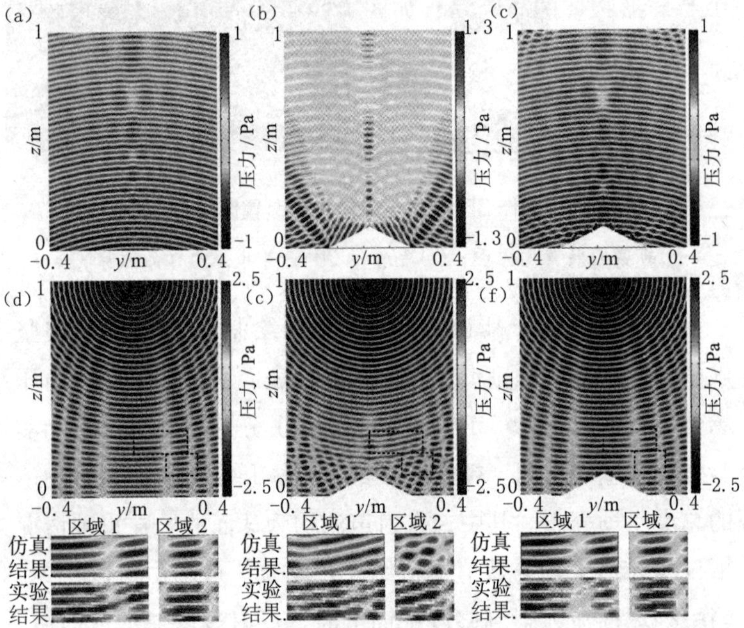

图 6.22　球形波入射不同物体后的生压场分布图及仿真和实验结果图

注：(a) ~ (c) 球形声波分别入射至坚硬的平面、裸露的圆锥形物体和覆盖超表面后的物体时仿真的反射声压场分布；(d) ~ (f) 的上半部分：球形声波分别入射至坚硬的平面、裸露的锥形物体和覆盖超表面后的物体时仿真的总声压场分布；(d) ~ (f) 的下半部分：在测量区域 1(左侧区域)和区域 2(右侧区域)中相应的模拟和实验的总声压场分布。

6.3.3 半球形隐身斗篷

本章所提出的超表面地毯斗篷可对任意形状的物体进行隐身。作为另一个例子，这里设计一个隐身斗篷来实现对一个半球形物体的声隐身，如图 6.23（a）所示。半球形物体的轮廓方程为

$$z_5(r) = \sqrt{R^2 - r^2} - \cos 40°R \tag{6.11}$$

其中，$0 < r < \sin 40°R$；半球形物体的半径为 $R = 40d$。将其代入式（6.9），便得到该半球形物体所要求的隐身斗篷应具有的理想的、连续的相位延迟为

$$\varphi_5 = 2k_0\left(\sqrt{R^2 - r^2} - \cos 40°R\right) \tag{6.12}$$

图 6.23（b）中的实线绘制了公式（6.25）所描述的理想相位延迟 φ_5 随几何参数 r/d 的变化情况。在实际的设计中，该理想的连续相位延迟与超表面提供的离散相位延迟（虚线）近似。所设计的超表面总共由 27 个梳状结构单元构成，超表面紧贴在物体表面。根据图 6.18（c）中的数据和式（6.12），构成超表面的所有结构单元的凹槽深度可以被分别确定出来，如图 6.23（c）中所展示的结果。

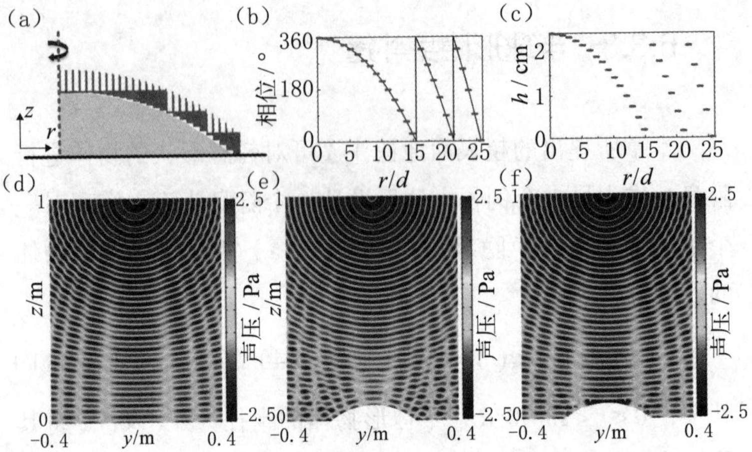

图 6.23 半球形斗篷的相关特性图

注：(a) 半球形隐身斗篷的二维截面图；(b) 理论上需要的连续的反射相位延迟（实线）和由梳状结构单元提供的离散反射相位延迟（红虚线）；(c) 构成 AMCC 的结构单元的凹槽深度；球形声波入射至 (d) 坚硬的平面、(e) 裸露的半球形物体和 (f) 覆盖超表面后的物体时的总声压场分布。其中点源位于 (0，0，1 m) 处辐射球形入射波，其频率为 6 860 Hz。

在数值仿真中，设置入射声波为频率为 6 860 Hz 的连续球面波，其由位于（0，0，1 m）处点源辐射出。图 6.23（d）～图 6.23（f）分别绘制了坚硬平面、裸露的半球形物体和覆盖超表面后的物体的总声压场分布。从图中可以发现，当一列球面波入射到坚硬平面上时，反射波依然为球面波，只不过是从一个镜像虚拟源辐射出的。球面入射波和反射波相互干涉，这导致了总声压场的波阵面不再连续。当坚硬平面上放置一个半球形物体时，声波被物体的球状表面反射。因此，总声压场具有强烈的、复杂的干涉模式，而在物体正上方区域干涉较小，波阵面依然近似保持连续。当物体被超表面覆盖后，该超表面遏制了物体的散射，总声压场被恢复到没有任何物体时的情况。图 6.23 中的这些结果证实了所设计的超表面可以对半球形物体实现优异的隐身效果。

6.4　本章小结

在本章中，研究了基于梳状结构的声学超表面地毯隐身。隐身斗篷由一系列梳状结构单元紧密排列而成，每个结构单元的凹槽深度经过精心设计，这使得整个超表面引入的相位延迟刚好补偿待隐身物体引入的额外相位延迟，从而实现声隐身效果。这种声隐身的核心理念是通过局部相位调制进行相位补偿，因此可以为具有任意几何形状和大小的物体设计厚度仅为半波长的隐身斗篷。首先，本章设计了一个二维三角形隐身斗篷，并通过数值模拟和实验证明了所提出的地毯斗篷可对一个三角形物体实现优异的隐身效果，其工作带宽为 3 110 ～ 3 750 Hz。作为另一个例子，本章还设计了一个二维弧形隐身斗篷，并通过数值仿真证实了所提出的地毯斗篷可对一个弧形物体实现优异的隐身效果。然后，本章提出并研究了一种基于梳状结构单元的三维 AMCC。首先设计了一个圆锥形隐身斗篷，通过数值模拟证明了所提出的地毯斗篷可对一个圆锥物体实现优异的隐身效果，并发现设计的声地毯斗篷的工作带宽为 6 200 ～ 7 500 Hz。进一步的实验结果与数值模拟结果吻合较好，这证明该声地毯斗篷在垂直入射和小角度入射的情况下均能实现优异的隐身效果。最后，本章设计了一个半球形隐身斗篷，并通过数值模拟证实了所提出的地毯斗篷可对一个半球形物体实现优异的隐身效果。与基于变换声学的声斗篷相比，这种超表面地毯斗篷具有超薄的厚度、简单的几何结构、易于实现等特性。因此，该超表面地毯斗篷的特性有利于进一步的实际应用。

第 7 章　基于单向超表面的声波不对称相位调制

7.1　引言

近年来，声波的不对称传输和潜在的应用引起了人们的极大兴趣。2010 年，Liang 等人提出了一种声二极管，通过引入声学非线性来打破时间反转对称并首次实现声整流[211]。Liang 等人将医学超声造影剂微气泡形成的非线性材料与在水中周期性排列玻璃形成的声子晶体相组合，成功地在实验上第一次实现了声流的单向导通。不久之后，其他基于声学非线性系统实现声波不对称传输的策略被陆续提出来。

然而，使用非线性方法打破互易原理实现声流的单向导通存在一些缺点。首先，在这些非线性器件中，受非线性转换效率的限制，传输效率相对较低。其次，由于非线性材料具有非线性属性，在制作和应用时对其参数的控制较为复杂，因此想要制作出稳定可靠的非线性结构和材料是一个不小的挑战。因此，如果能在线性条件下实现声流的单向导通，其应用潜力将是巨大的。线性条件可以避免处理复杂的非线性问题，这极大地提高了正向声能转换效率。进一步，人们设计了一些完全线性的系统，通过打破空间反转对称性来实现不对称声传输。这些声学结构的线性特性能显著增强声传输。然而，这些基于超材料的不对称传输系统结构庞大，这将阻碍它的实际应用。

最近，人们提出用一些声学超表面来操控声波的反射或折射。Zhao 等人证明平面声学超表面可以将反射的振动导向入射平面外[212]。Wang 等人利用两个阻抗匹配的声学超表面设计了一种声学二极管，可以实现宽带声单向传输，并且传输效率较高[213]。Jiang 等人利用耦合相位阵列（phase array, PA）和零折射率介质（zero index medium, ZIM）设计了一种声学单向超表面[214]。由于具有较大的相位延迟，卷曲空间超表面可以作为高折射率材料，并且已经被广泛用于实现负反射、漫反射、亚波长聚焦和光束转向。

本章提出了一种声学非对称相位调制超表面（asymmetric phase modulation metasurface, APMM），它由一个具有自由相位控制的声梯度指数超表面（acoustic gradient index metasurface, AGIM）和一个具有高相位选择性的零折射率超表面（zero index metasurface, ZIM）组成。AGIM 和 ZIM 是通过使用两种卷曲空间结构实现的。研究发现，APMM 可以实现声波的不对称传输，并且可以将传播波转换为表面波。数值仿真证明了所提出的超表面具有上述功能。

7.2 APMM 模型

图 7.1 和图 7.2 为 APMM 的工作原理图。如图 7.1 所示，当平面波从左边垂直入射到 ZIM 上，由于隧穿效应，声波可以以高透射率通过 ZIM。然后，透射波将以一定的角度通

过 AGIM。相反，当平面波从右边先入射到 AGIM 时，透射波以一定角度通过 AGIM 到达 ZIM，如图 7.2 所示。如果 ZIM 上的入射角大于临界角，则会发生全反射。一般来说，ZIM 的有效相速度远大于空气的相速度，因此相应的临界角接近零。

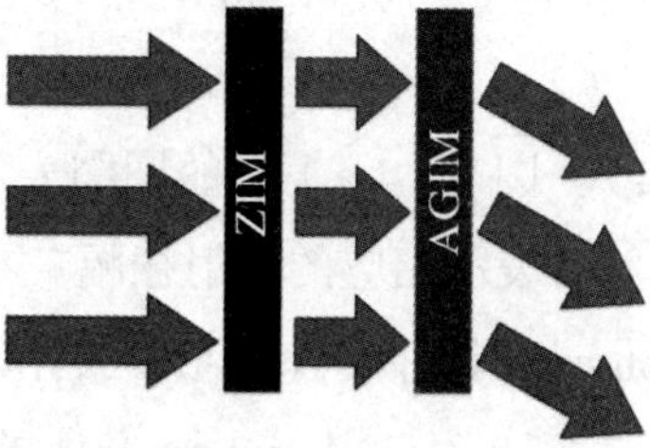

图 7.1　高透射率下 APMM 的工作原理示意图

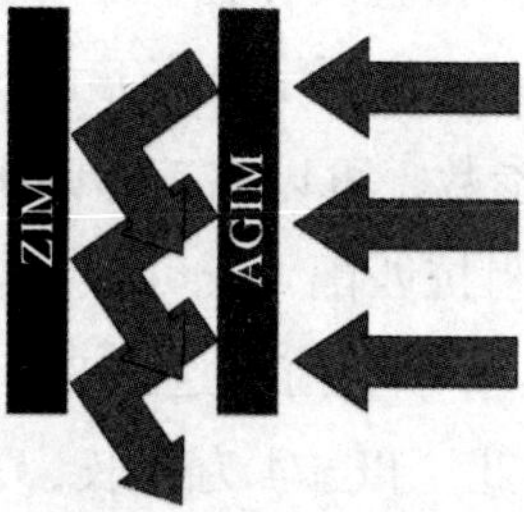

图 7.2　低透射率下 APMM 的工作原理示意图

接下来，本章论述如何使用卷曲空间结构来实现 AGIM 和 ZIM。图 7.3（a）绘制了由 8 个有序排列的子单元组成的 AGIM 的几何结构。子单元的宽度为 a，子单元由一对竖直长条（长度 a）和几个水平长条（间距 d，数量 n，长度 l）组成，如图 7.3（b）所示。每个长条的厚度为 t。在后面的研究中，a、d 和 t 分别固定为 20 mm、1 mm 和 0.8 mm。子单元只有两个参数可以调整：水平长条的数量 n 和水平长条的长度 l。在图 7.3（a）中，子单元 1-8 的参数（n, l）分别固定为（2, 7.8 mm）、（10, 8.8 mm）、（6, 11.3 mm）、（5, 14.8 mm）、（6, 12.2 mm）、（9, 15.5 mm）、（9, 15.8 mm）和（10, 13.6 mm）。图 7.3（a）中的圆圈表示子单元 1 ～ 8 的透射相移，三角形表示相应的透射振幅。本研究采用基于 COMSOL Multiphysics 软件的有限元方法计算声传输和声压场分布。子单元 1 ～ 8 引起从 π/2 到 9π/4 的线性相移，步长为 π/4，并且相应的传输振幅相当大（在 0.88 附近波动）。每个子单元的工作频率固定在 2.87 kHz。在子单元中，声波沿锯齿形路径而不是直线传播。子单元的相对有效阻抗 Z_r 和相移随结构参数（数量 n 和长度 l）的变化而发生变化。对于合适的结构参数，可以在工作频率处获得所需的相移，同时实现良好的阻抗匹配（Zr≈1），从而产生大的声透射。在图 7.3（a）中，本研究有意选择 8 个子单元以满足相移和 Zr≈1 的要求。因此，以 π/4 为步长，从 π/2 到 9π/4 的线性相移可以在具有较大透射振幅的子单元 1 ～ 8 中获得。本研究进一步计算了子单元 1 ～ 8 的声压场分布，如图 7.3（c）所示，π/4 的相移可以在两个邻近的子单元中明显观察到，并且可以实现完整的 2π 相变。图 7.3（d）绘制了子单元 8 的相移和透射振幅随频率的变化情况。相移在共振频率附近迅速增长，可以覆盖超过 2π 的范围。为了获得较高的转换效率，本研究选择 2.87 kHz 左右的谐振频率作为工作频率。

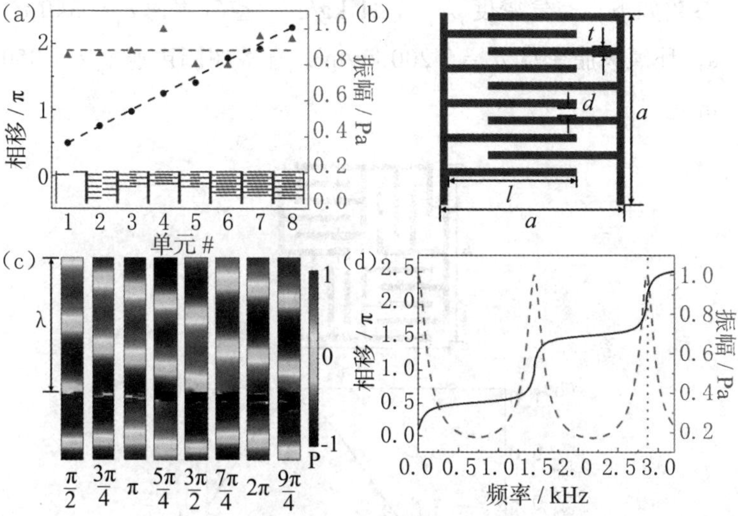

图 7.3　具有 8 个子单元的 AGIM 的相关特性图

注：(a) 具有 8 个子单元的 AGIM 的几何结构以及子单元 1 ～ 8 对应的相移和传输振幅；(b) 卷曲空间结构示意图；(c) 子单元 1 ～ 8 的声压场分布；(d) 子单元 8 的相移和传输振幅随频率的变化情况。

图 7.4（a）为用于模拟 ZIM 的卷曲空间结构。宽度 h 固定为 28 mm，厚度 w 固定为 1 mm，间距 s 固定为 1.7 mm。在图 7.4（b）中，实线表示垂直入射时卷曲空间结构的透射率随频率的变化情况，虚线表示相应的有效折射率随频率的变化情况。为了确保足够的能量对比，所提出的设备使用了三层 ZIM。在 2.87 kHz 的工作频率下，卷曲空间结构的透射率约为 1，相应的有效折射率约为 0。如果入射波没有垂直入射在 ZIM 上，则会发生全反射。构成 APMM 的

AGIM 和 ZIM 可以用塑料 3D 打印，AGIM 和 ZIM 的材料参数如下，空气密度 ρ_a = 1.21 kg/m^3，空气声速 c_a = 340 m/s，环氧树脂密度 ρ_e = 2 200 kg/m^3，环氧树脂声速 c_e = 1 050 m/s。

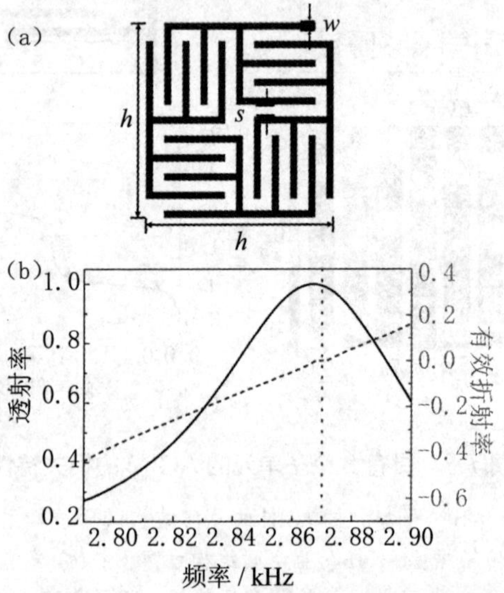

图 7.4　模拟 ZIM 的卷曲空间结构图及相关特性图

注：(a)用于模拟 ZIM 的卷曲空间结构的示意图；(b)卷曲空间结构的透射率和相应的有效折射率随频率的变化情况。

7.3　结果与讨论

7.3.1　声波的不对称传输

为了验证所提出的结构的性能，本书选择了两种不同的现象，声波的不对称传输和传播波向表面波的转换，并在下文中加以说明。两种现象的工作频率都固定在 2.87 kHz。首先讨论声波在 APMM 中的不对称传输。基于超表面的广义 Snell 定律[215]，应通过设计超表面的特定折射率分布 φ 来确定异常出射角 θ_t。

$$\theta_t = \sin^{-1}\left(\sin\theta i + \frac{\lambda}{2\pi}\frac{d\varphi}{dx}\right) \tag{7.1}$$

其中，θ_i 和 θ_t 分别为入射角和透射角。图 7.5 为声学不对称传输现象。APMM 中的 AGIM 在一个周期内由 8 个有序排列的子单元组成，如图 7.3（a）所示。在这种情况下，相邻子单元之间的透射相位差 dφ 为 π/4，每个子单元的厚度 dx 固定为 20 mm。频率为 2.87 kHz 时，沿 AGIM 表面的相位梯度为 dφ/dx=39.27 rad/m，相应的透射角 θ_t 在垂直入射时（θ_i=0）约为 0.264π（47.46°　）。在图 7.5（a）中，高斯声束沿 +y 方向传播，高斯声束首先垂直入射到 ZIM 上，发生全透射，透射角为 0。ZIM 的结构如图 7.4 所示。然后，透射波进一步垂直入射到设计的 AGIM 上。AGIM 中的相位调制导致透射波的角度为 47.46°。很明显，数值仿真结果与理论预测吻合较好。相反，当高斯声束沿 – y 方向传播时，高斯声束首先垂直入射在 AGIM 上，透射波沿 47.46° 的方向传播。该倾斜入射波入射到 ZIM 上时，将会被 ZIM 完全反射，如图 7.5（b）所示。

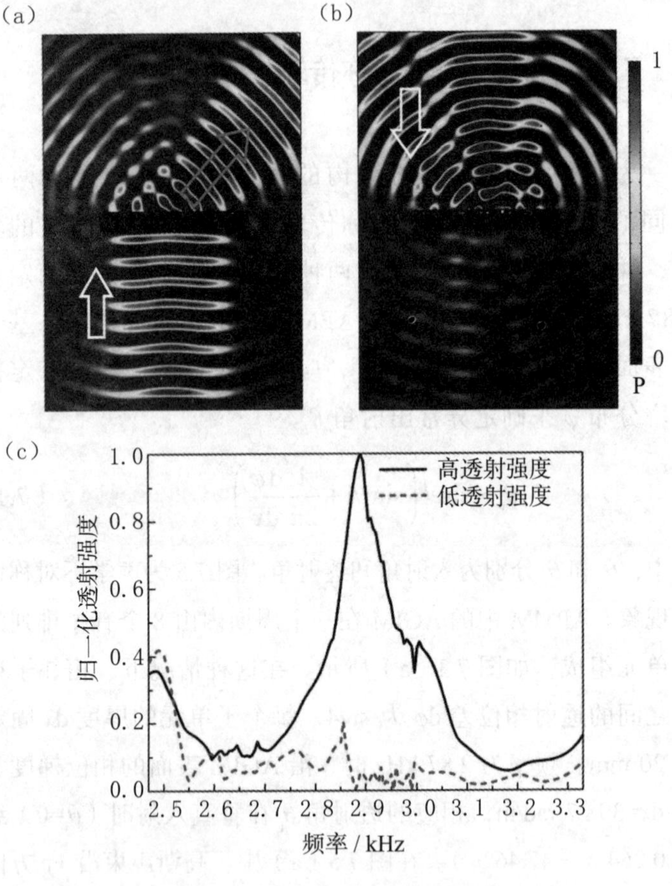

图 7.5　声学不对称传输现象图

注：高斯声束沿 (a)+y 正方向和 (b) – y 方向垂直入射到 APMM 上的声压场分布；(c) 两个入射方向的归一化透射强度随频率的变化情况。

此外，入射高斯波沿两个方向通过 APMM 的归一化透射强度随频率的变化情况如图 7.5（c）所示。实线和虚线分别代表高透射率和低透射率（反向）的结果。在 2.87 kHz 的工作频率下，高透射率的归一化传输强度达到 0.85，是低透射率的归一化传输强度（0.06）的 14 倍。这些结果表明，本章提出的装置可以产生高效率的不对称传输。AGIM 的厚度为 20 mm（约为 $\lambda/6$），比参考文献［4］中提出的装置的厚度（约为 $\lambda/3$）要小。已有研究表明，由于卷曲空间结构的调制机制是非共振的，AGIM 的性能可以在较宽的频带内保持不变。然而，对于 ZIM，接近零的折射率只出现在相对较窄的频带内，如图 7.4（b）所示。因此，APMM 的工作带宽主要受 ZIM 的限制。要提高 APMM 的不对称传输带宽，需要拓宽 ZIM 的带宽，这还有待进一步研究。

7.3.2　传播波转换为表面波

APMM 实现的另外一个独特现象是将传播的声波转换为表面波。在这种情况下，透射波将在表面上受到束缚而消失。为了实现这一现象，透射波通过 APMM 的角度应设计为 $\pi/2$。dx=20 mm 时，相邻子单元之间的透射相位差 $d\varphi$ 应该固定在 0.338π。因此，6 个子单元被用来覆盖一个周期内完整的 2π 相变。工作频率固定在 2.87 kHz。

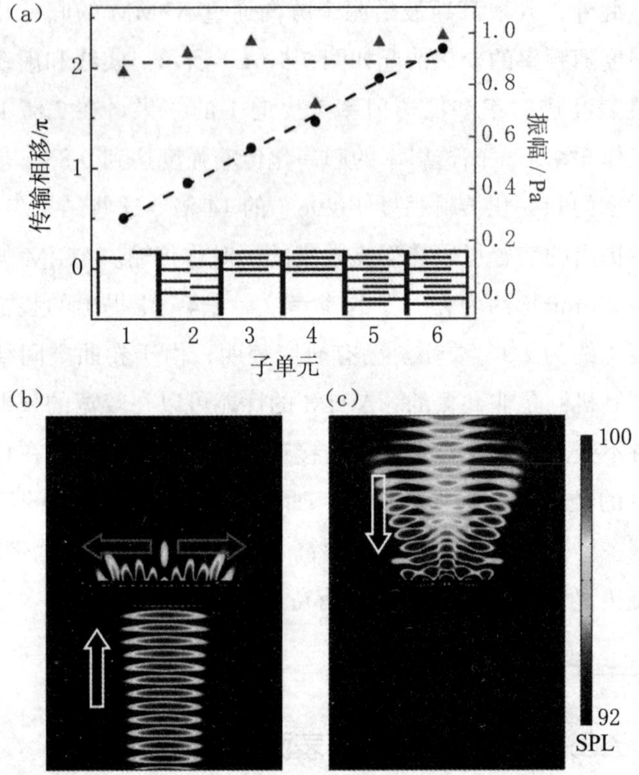

图 7.6　带有 6 个子单元的 AGIM 的集合机构及相关特性图

注：(a)设计的带有6个子单元的AGIM的几何结构，以及子单元1～6对应的传输相移和振幅；高斯声束从(b) +y方向和(c) −y方向垂直入射到APMM上的声压场分布。

图 7.6（a）绘制了 AGIM 的几何结构，AGIM 在一个周期内由 6 个有序排列的子单元组成。子单元 1～6 的参数（n, l）分别为（2, 7.8 mm）、（9, 9.2 mm）、（5, 14.6 mm）、（5, 16 mm）、（10, 13.3 mm）和（10, 13.5 mm）。在图 7. 6（a）

中，圆圈表明子单元 1 ～ 6 的透射相位从 0.5π 移到 2.19π，步长为 0.338π。三角形表示子单元 1-6 相应的透射振幅，约为 0.85。图 7.6（b）和图 7.6（c）为高斯声波沿不同方向通过设计的 APMM 的声压场分布。在图 7.6（b）中，高斯声束沿 $+y$ 方向传播，高斯声束首先垂直入射到 ZIM 上，发生全透射，接着，透射波进一步垂直入射到设计的 AGIM 上。然后，AGIM 将透射波转换为表面波。声场在 AGIM 表面明显增强，在远离界面处迅速衰减，揭示了传播波到向表面模式的完美转换。AGIM 的离散相移提供额外的动量来补偿传播波与超表面表面波之间的动量失配，从而实现高效转换。相反，高斯声束沿 $-y$ 方向传播时，入射高斯声束被完全反射，如图 7.6（c）所示。

7.4　本章小节

本章提出了一种 APMM 来操控传输声波的波前，以实现声波的不对称传输和传播波到表面波的转换。通过 AGIM 与 ZIM 的耦合实现了不对称相位操控，AGIM 和 ZIM 都是使用卷曲空间结构来实现的。基于有限元的数值仿真验证了所提出的超表面可以实现声波的不对称传输。研究发现所设计的 APMM 能够产生高效率的不对称传输。基于广义斯涅尔定律，通过调整 AGIM 中两个子单元之间的相位差，可以将通过 APMM 的透射波的角度设计为 π/2。在这种情况下，声场在 APMM 表面得到增强，并在远离界面处迅速衰减，实现了传播波向表面模式的完美转换。这种具有亚波长厚度和平面几何形状的 APMM 可以很容易地用于超声成像和治疗、声学传感器和能量采集等实际应用。

第 8 章　总结与展望

8.1 工作总结

超材料是由亚波长微结构单元组成的人工结构。因具有精心设计的本构参数，超材料以前所未有的方式有效地操控波的传播。近年来，超材料得到国内外研究人员的广泛关注。本著作主要研究零折射率超材料（ZIMs）、宇称时间（PT）对称超材料和超表面中的声波传输与控制问题。

（1）研究了在 ZIMs 波导中嵌入矩形缺陷后的声传输问题。通过理论分析，推导出了波导的传输系数，并进行了数值模拟验证。在理想 ZIMs 中引入合适的矩形缺陷，可以实现全反射、全透射和声隐身效应。另外，笔者采用了一种迷宫型超材料，在一定的频率范围内，其有效质量密度和体模量倒数同时接近零，从而实现了 ZIMs 波导。数值模拟表明，通过调整嵌入缺陷的声学参数，迷宫型 ZIMs 波导的传输幅度可以覆盖整个 [0, 1] 范围。对于普通缺陷，其体模量为 $\kappa_2 = 0.56\kappa_0$ 和 $\kappa_2 = 0.05\kappa_0$ 时，迷宫型 ZIMs 波导可以分别实现全反射和全透射。所研究的迷宫型 ZIMs 系统在声隐身、声音传感器、声开关和集成声学等诸多领域具有广泛的理论和应用价值。

（2）研究了由无源介质层隔开的周期性 PT 对称 ZIMs 层组成的波导中的声散射问题。基于理论声学，通过严格的解析推导，得到了系统的传递矩阵、散射矩阵、透射系数和反射系数等。解析结果表明，在 EP 点处，周期性 PT 对称 ZIMs 波导系统将产生 PT 对称相到 PT 对称破缺相之间的相变，并且伴随着单向透明现象的产生。在奇点处，周期性 PT 对称 ZIMs 波导系统工作于声学相干完美吸收 – 激光模式。此外，在共振点处，周期性 PT 对称 ZIMs 波导系统表征出双向透明现象。该现象是由 FP 共振或平衡的增益 / 损耗所导致的。相对于非周期性的 PT 对称波导系统，本章所研究的周期性 PT 对称波导系统拥有更多的奇点和共振点。所有的 EP 点、奇点和共振点均可通过单独或共同地调控几何参数来实现，规避了复杂的增益 / 损耗调控，有利于实验验证及相关应用。这项工作提供了另一种途径来研究 PT 对称性，并且在声学开关、吸声体、放大器和指向性功能器件等领域具有广阔的应用价值。

（3）研究了在具有亚波长尺寸的狭缝波导中嵌入普通介质，而在普通介质的两个端口引入零折射率材料，通过调节普通介质的密度，可以极大地提高声波的透射效率，主要原因是零折射率材料对声波具有隧穿效应。特别地，当法布里 – 珀罗共振条件满足时，声波可以完全隧穿过这一狭窄结构，此时，波导系统发生全透射。本研究分别考虑了在这一波导系统中引入折射率近零超材料和密度近零超材料两种情况。运用这种波导结构，可以实现声波的全透射和全反射，基于这些理论依据，可以设计出一种新颖且同时具有很高灵敏度的声学开关。本书的工作提供了一种在狭缝波导系统中控制声传输的新方法，在狭缝波导系统中填充的介质不一定是零折射率材料，还可以是普通介质，这将大大简化在实际应用中的实现。

（4）研究了在波导中引入零折射率材料和多个缺陷，并发现了声波在传输过程中一些有趣的现象。通过理论分析和数值仿真，发现当嵌入在零折射率材料中多个缺陷的几何尺寸或者声学参数有细微差距时，这个波导系统可以用来模拟声类比电磁诱导透明现象，本书详细解释了声类比电磁诱导透明现象产生的原因，随着缺陷几何尺寸或者声学参数差距的增大，声类比电磁诱导透明现象会逐渐减弱。

（5）研究了基于梳状结构单元的声学超表面地毯隐身斗篷。隐身斗篷由一系列梳状结构单元紧密排列而成。每个结构单元的凹槽深度被精心设计，使得整个超表面引入的相位延迟刚好补偿待隐身物体引入的额外相位延迟，从而实现声隐身效果。这种声隐身的核心理念是通过局部相位调制进行相位补偿，从而可以为具有任意几何形状和大小的物体设计厚度仅为半波长的隐身斗篷。本书首先设计了一个二维三角形隐身斗篷，并通过数值模拟和实验证明了所提出的地毯斗篷可对一个三角形物体实现优异的隐身效果，其工作带宽为 3 110 ～ 3 750 Hz。另外，本书也提出了一种基于梳状结构单元的三维超表面地毯隐身斗篷。首先设计了一个圆锥形隐身斗篷，通过数值模拟证明了所提出的地毯斗篷可对一个圆锥物体实现优异的隐身效果，并发现设计的声地毯斗篷的工作带宽为 6 200 ～ 7 500 Hz。进一步的实验结果与数值模拟结果吻合较好，证明该声地毯斗篷在垂直入射和小角度入射情况下均能实现优异的隐身效果。与基于变换声学的声斗篷相比，这种超表面地毯斗篷具有超薄的厚度、简单的几何结构、易于实现等特性。因此，这些有利于其被进一步应用。

（6）提出了一种声学非对称相位调制超表面，它由声梯度指数超表面和零折射率超表面组成。声梯度指数超表面和零折射率超表面是通过使用两种卷曲空间结构来实现的。研究发现所设计的声学非对称相位调制超表面能够产生高效率的不对称传输。基于广义斯涅尔定律，通过调整声梯度指数超表面中两个子单元之间的相位差，可以将通过声学非对称相位调制超表面的透射波的角度设计为 $\pi/2$。在这种情况下，声场在声学非对称相位调制超表面得到增强，并在远离界面处迅速衰减，实现了传播波向表面模式的完美转换。这种具有亚波长厚度和平面几何形状的声学非对称相位调制超表面可以很容易地用于超声成像和治疗、声学传感器和能量采集等实际应用。

8.2 研究展望

展望未来，还有一些问题尚未解决。首先，基于超材料实现的声学器件存在材料损耗问题，尤其在高频，这大大降低了器件的性能。第二，大部分超材料具有单频的局限，因此很难满足实际的应用。一种可能的解决方案是在实现宽带吸声器时设计的共振集成 [168]。另一种可能的解决方案是利用可调谐的有源超材料 [178]。第三，如何实现增益材料是 PT 对称超材料需要解决的问题。在未来的工作中，考虑对如下几个方面进行研究和探索：

（1）ZIMs 的实验设计和验证，如含矩形缺陷的 ZIMs 波导的声传输实验验证等。在此基础上，将其应用到声学开关和声学传感器的设计中。

（2）改进所设计的声学斗篷。本书提出的声地毯斗篷的厚度为波长的二分之一，未达到深度亚波长的范围。未来期望设计出更轻薄的声地毯斗篷，探讨实现宽带隐身斗篷的可能性，努力实现器件的实际应用。

（3）设计同时具有宽带和轻薄外形两个优点的声超表面，并结合超表面进一步设计出更加小型化、声损耗更小的声器件。

（4）设计出在液体中工作的超材料，这将适用于水下声学和医学超声成像。当工作环境为空气时，空气与固体材料的声阻抗差异较大，使得设计具有一系列有效参数的声学超材料变得相对容易。而当工作环境为液体时，由于液体与固体材料的声阻抗差异不大，导致部分入射声能可以有效传递到固体结构中，从而限制了可获得的有效材料参数的范围。因此，工作于液体环境的超材料在设计上更具挑战性。

参考文献

[1] JOHN S. Strong localization of photons in certain disordered dielectric superlattices[J]. Physical Review Letters, 1987, 58: 2486-2489.

[2] KUSHWAHA M S, HALEVI P, DOBRZYNSKI L, et al. Acoustic band structure of periodic elastic composites [J]. Physical Review Letters, 1993, 71(13): 2022-2025.

[3] YABLONOVITCH E, GMITTER T J. Photonic band structure: The face-centered-cubic case[J]. Physical Review Letters, 1989, 63(18): 1950-1953.

[4] MONTERO D, JIMÉNEZ E, TORRES M. Ultrasonic band gap in a periodic two dimensional composite[J]. Physical Review Letters, 1998, 80(6): 1208-1211.

[5] ENOCH S, TAYEB G, SABOUROUX P, et al. A metamaterial for directive emission[J]. Physical Review Letters, 2002, 89(21): 213902.

[6] SMITH D R, PENDRY J B, WILTSHIRE M C K. Metamaterials and negative refractive index[J]. Science, 2004, 305(5685): 788-792.

[7] SMITH D R, MOCK J J, STARR A F, et al. Gradient index metamaterials[J]. Physical Review E, 2005, 71(3): 036609.

[8] LIU Z Y, ZHANG X X, MAO Y W, et al. Locally resonant sonic materials[J]. Science, 2000, 289(5485): 1734-1736.

[9] LI J, Chan C T. Double-negative acoustic metamaterial[J]. Physical Review E, 2004, 70(5): 055602.

[10] FANG N, XI D J, XU J Y, et al. Ultrasonic metamaterials with negative modulus[J]. Nature Materials, 2006, 5(6): 452-456.

[11] MA G, SHENG P. Acoustic metamaterials: From local resonances to broad horizons[J]. Science Advances, 2016, 2(2): e1501595.

[12] CUMMER S A, CHRISTENSEN J, ALÙ A. Controlling sound with acoustic metamaterials[J]. Nature Reviews Materials, 2016, 1(3): 16001.

[13] BONGARD F,LISSEK H, MOSIG J R. Acoustic transmission line metamaterial with negative/zero/positive refractive index[J]. Physical Review B, 2010, 82(9): 094306.

[14] LIU F M, HUANG X Q, CHAN C T. Dirac cones at k=0 in acoustic crystals and zero refractive index acoustic materials[J]. Applied Physics Letters, 2012, 100(7): 071911.

[15] ZHU X F. Effective zero index in locally resonant

acoustic material[J]. Physics Letters A, 2013, 377(31-33): 1784-1787.

[16] TORRENT D, SÁNCHEZ-DEHESA J. Anisotropic mass density by two-dimensional acoustic metamaterials[J]. New Journal of Physics, 2008, 10(2): 023004.

[17] GU Z M, LIANG B, ZOU X Y, et al. One-way acoustic mirror based on anisotropic zero-index media[J]. Applied Physics Letters, 2015, 107(21): 213503.

[18] GU Z M, JIANG X, LIANG B, et al. Experimental realization of broadband acoustic omnidirectional absorber by homogeneous anisotropic metamaterials[J]. Journal of Applied Physics, 2015, 117(7): 074502.

[19] ZHANG S, YIN L, N. Fang. Focusing ultrasound with an acoustic metamaterial network[J]. Physical Review Letters, 2009, 102(19): 194301.

[20] CLIMENTE A, TORRENT D, SANCHEZ-DEHESA J. Sound focusing by gradient index sonic lenses[J]. Applied Physics Letters, 2010, 97(10): 104103.

[21] PARK J J, PARK C M, LEE K J B, et al. Acoustic superlens using membrane-based metamaterials[J]. Applied Physics Letters, 2015, 106(5): 051901.

[22] LI J, FOK L, YIN X, et al. Experimental demonstration of an acoustics magnifying hyperlens[J]. Nature Materials, 2009, 8(12): 931-934.

[23] CHEN H Y, CHAN C T. Acoustic cloaking and transformation acoustics[J]. Journal of Physics D: Applied Physics, 2010, 43(11): 113001.

[24] MILTON G W, BRIANE M, WILLIS J R. On cloaking for elasticity and physical equations with a transformation invariant form[J]. New Journal of Physics, 2006, 8: 248.

[25] CUMMER S A, SCHURIG D. One path to acoustic cloaking[J].New Journal of Physics, 2007, 9: 45.

[26] CUMMER S A, POPA B I, SCHURIG D, et al. Scattering theory derivation of a 3D acoustic cloaking shell. [J]. Physical Review Letters, 2008, 100(2): 024301.

[27] KAN W W, LIANG B, ZHU X F, et al. Acoustic illusion near boundaries of arbitrary curved geometry[J]. Scientific Reports, 2013, 3: 1427.

[28] KAN W W, LIANG B, LI R Q, et al. Three-dimensional broadband acoustic illusion cloak for sound-hard boundaries of curved geometry[J]. Scientific Reports, 2016, 6: 36936.

[29] PENDRY J B. Negative refraction makes a perfect lens[J]. Physical Review Letters, 2000, 85(18): 3966-3969.

[30] VALENTINE J, ZHANG S, ZENTGRAF T, et al. Three-dimensional optical metamaterial with a negative refractive index[J]. Nature, 2008, 455(7211): 376-379.

[31] KILDISHEV A V, BOLTASSEVA A, SHALAEV V M. Planar Photonics with Metasurfaces[J]. Science, 2013, 339(6125):1232009.

[32] MA H F, CUI T J. Three-dimensional broadband ground-plane cloak made of metamaterials[J]. Nature Communications, 2010, 1: 1023.

[33] CHENG Q, CUI T J, JIAGN W X, et al. An omnidirectional electromagnetic absorber made of metamaterials[J]. New Journal of Physics, 2010, 12: 063006.

[34] CUI T J, QI M Q, WAN X, et al. Coding metamaterials, digital metamaterials and programmable metamaterials[J]. Light-Science & Applications, 2014, 3: e218.

[35] VESELAGO V G. Electrodynamics of sunstances with simultaneously negative values of sigma and mu[J]. Soviet Physics Uspekhi-Ussr, 1968, 10(4): 509-514.

[36] PENDRY J B, HOLDEN A J, STEWART W J. Extremely low frequency plasmons in metallic mesostructures[J]. Physical Review Letters, 1996, 76(25): 4773-4776.

[37] PENDRY J B, HOLDEN A J, ROBBINS D J, et al. Magnetism from conductors and enhanced nonlinear phenomena[J]. IEEE Transactions on Microwave Theory and Techniques, 1999, 47(11): 2075-2084.

[38] SMITH D R, PADILLA W, VIER D C, et al. Composite medium with simultaneously negative permeability and permittivity[J]. Physical Review Letters, 2000, 84(18): 4184-4187.

[39] SHELBY R A, SMITH D R, SCHULTZ S. Experimental verification of a negative index of refraction[J]. Science, 2001, 292(5514): 77-79.

[40] YAO J, LIU Z W, LIU Y M, et al. Optical negative refraction in bulk metamaterials of nanowires[J]. Science, 2008, 321(5891): 930.

[41] PENDRY J B, SCHURIG D, SMITH D R. Controlling electromagnetic fields[J]. Science, 2006, 312(5781): 1780-1782.

[42] SCHURIG D, MOCK J J, JUSTICE B J, et al. Metamaterial electromagnetic cloak at microwave frequencies[J]. Science, 2006, 314(5801): 977-980.

[43] LI J , PENDRY J B. Hiding under the Carpet: A New Strategy for Cloaking. Physical Review Letters, 2008, 101(20): 203901.

[44] LIU R, JI C, MOCK J J, et al. Broadband Ground-Plane Cloak[J]. Science, 2009, 323(5912):366-369.

[45] SILVEIRINHA M, ENGHETA N. Tunneling of electromagnetic energy through subwavelength channels

and bends using epsilon-near-zero materials[J]. Physical Review Letters, 2006, 97(15): 157403.

[46] SILVEIRINHA M, ENGHETA N. Theory of supercoupling, squeezing wave energy, and field confinement in narrow channels and tight bends using epsilon near-zero metamaterials[J]. Physical Review B, 2007, 76(24): 245109.

[47] LIU R, CHENG Q, HAND T, et al. Experimental demonstration of electromagnetic tunneling through an epsilon-near-zero metamaterial at microwave frequencies[J]. Physical Review Letters, 2008, 100(2): 023903.

[48] EDWARDS B, ALÙ A, YOUNG M E, et al. Experimental verification of epsilon-near-zero metamaterial coupling and energy squeezing using a microwave waveguide[J]. Physical Review Letters, 2008, 100(3): 033903.

[49] HAO J, YAN W, QIU M, Super-reflection and cloaking based on zero index metamaterial[J]. Applied Physics Letters, 2010, 96(10): 101109.

[50] NGUYEN V C, CHEN L, HALTERMAN K. Total transmission and total reflection by zero index metamaterials with defects[J]. Physical Review Letters, 2010, 105(23): 233908.

[51] XU Y D, CHEN H Y. Total reflection and transmissionby epsilon-near-zero metamaterials with defects[J]. Applied Physics Letters, 2011, 98(11): 113501.

[52] WU Y, LI J C. Total reflection and cloaking by zero index metamaterials loaded with rectangular dielectric defects[J]. Applied Physics Letters, 2013, 102(18): 183105.

[53] LUO J, XU P, GAO L, et al. Manipulate the Transmissions Using Index-Near-Zero or Epsilon-Near-Zero Metamaterials with Coated Defects[J]. Plasmonics, 2012, 7(2): 353-358.

[54] HUANG X Q, LAI Y, HANG Z H, et al. Dirac cones induced by accidental degeneracy in photonic crystals and zero-refractive-index materials[J]. Nature Materials, 2011, 10(8): 582-586.

[55] LUO J, XU P, CHEN H Y, et al. Realizing almost perfect bending waveguides with anisotropic epsilonnear-zero metamaterials[J]. Applied Physics Letters, 2012, 100(22): 221903.

[56] LUO J, LAI Y. Anisotropic zero-index waveguide with arbitrary shapes[J]. Scientific Reports, 2014, 4: 5875.

[57] MA H F, SHI J H, JIANG W X, et al. Experimental realization of bending waveguide using anisotropic zero-index materials[J]. Applied Physics Letters, 2012, 101(25): 253513.

[58] LUO J, LU W X, HANG Z H, et al. Arbitrary control of electromagnetic flux in inhomogeneous anisotropic media with near-zero index[J]. Physical Review Letters, 2014, 112(7): 073903.

[59] GE H, YANG M, MA C, et al. Breaking the barriers: advances in acoustic functional materials[J]. National Science Review, 2018, 5(2): 159-182.

[60] WU Y, YANG M, SHENG P. Perspective: acoustic metamaterials in transition[J]. Journal of Applied Physics, 2018, 123(9): 090901.

[61] GARCÍA-CHOCANO V M, GRACIÁ-SALGADO R, TORRENT D, et al. Quasi-two-dimensional acoustic metamaterial with negative bulk modulus[J]. Physical Review B, 2012, 85(18): 184102.

[62] GRACIÁ-SALGADO R, GARCÍA-CHOCANO V M, TORRENT D, et al. Negative mass density and rho-near-zero quasi-two-dimensional metamaterials: Design and applications[J]. Physical Review B, 2013, 88(22): 224305.

[63] LEE S H, PARK C M, SEO Y M, et al. Composite acoustic medium with simultaneously negative density and modulus. Physical Review Letters, 2010, 104(5): 054301.

[64] FOK L, ZHANG X. Negative acoustic index metamaterial[J]. Physical Review B, 2011, 83(21): 214304.

[65] LIANG Z X, LI J. Extreme Acoustic Metamaterial by Coiling Up Space[J]. Physical Review Letters, 2012, 108(11): 114301.

[66] LIANG Z X, FENG T H, LOK S, et al. Space-coiling metamaterials with double negativity and conical dispersion[J]. Scientific Reports, 2013, 3: 1614.

[67] XIE Y B, POPA B I, ZIGONEANU L, et al. Measurement of a Broadband Negative Index with Space- Coiling Acoustic Metamaterials[J]. Physical Review Letters, 2013, 110(17): 175501.

[68] LI Y, LIANG B, TAO X, et al. Acoustic focusing by coiling up space[J]. Applied Physics Letters, 2012, 101(23): 233508.

[69] LI Y, YU G, LIANG B, et al. Three-dimensional ultrathin planar lenses by acoustic metamaterials[J]. Scientific Reports, 2014, 4: 6830.

[70] TANG K, QIU C, LU J, et al. Focusing and directional beaming effects of airborne sound through a planar lens with zigzag slits[J]. Journal of Applied Physics, 2015, 117(2): 024503.

[71] LI Y, LIANG B, GU Z M, et al. Unidirectional acoustic transmission through a prism with near-zero refractive index[J]. Applied Physics Letters, 2013, 103(5): 053505.

[72] LI Y, LIANG B, ZOU X Y, et al. Extraordinary acoustic

transmission through ultrathin acoustic metamaterials by coiling up space[J]. Applied Physics Letters, 2013, 103(6): 063509.

[73] MOLERÓN M, SERRA-GARCIA M, DARAIO C. Acoustic Fresnel lenses with extraordinary transmission[J]. Applied Physics Letters, 2014, 105(11): 114109.

[74] ZHENG L Y, WU Y, NI X, et al. Acoustic cloaking by a near-zero-index phononic crystal[J]. Applied Physics Letters, 2014, 104(16): 161904.

[75] WEI Q, CHENG Y, LIU XJ. Acoustic total transmission and total reflection in zero-index metamaterials with defects[J]. Applied Physics Letters, 2013, 102(17): 174104.

[76] WANG Z Y, YANG F, LIU L B, et al. Total transmission and total reflection of acoustic wave by zero index metamaterials loaded with general solid defects[J]. Journal of Applied Physics, 2013, 114(19): 194502.

[77] PARK J J, LEE K J B, WRIGHT O B, et al. Giant Acoustic Concentration by Extraordinary Transmission in Zero-Mass Metamaterials[J]. Physical Review Letters, 2013, 110(24): 244302.

[78] GU Y, CHENG Y , LIU X J. Acoustic planar hyperlens based on anisotropic density-near-zero metamaterials[J]. Applied Physics Letters, 2015, 107(13): 133503.

[79] LIU C, XU X, LIU X. Manipulating acoustic flow by using inhomogeneous anisotropic density-near-zero metamaterials[J]. Applied Physics Letters, 2015, 106(8):081912.

[80] PARK C M, LEE S H. Propagation of acoustic waves in a metamaterial with a refractive index of near zero[J]. Applied Physics Letters, 2013, 102(24): 241906.

[81] FLEURY R, ALÙ A. Extraordinary Sound Transmission through Density-Near-Zero Ultranarrow Channels[J]. Physical Review Letters, 2013, 111(5): 055501.

[82] DUBOIS M, SHI C, ZHU X, et al. Observation of acoustic Dirac-like cone and double zero refractive index[J]. Nature Communications, 2017, 8: 14871.

[83] POPA B I, CUMMER S A. Design and characterization of broadband acoustic composite metamaterials[J]. Physical Review B, 2009, 80(17): 174303.

[84] Zigoneanu L, Popa B I, Cummer S A. Design and measurements of broadband two-dimensional acoustic lens[J]. Physical Review B, 2011, 84(2): 024305.

[85] CHEN Y, LIU H, REILY M, et al. Enhanced acoustic sensing through wave compression and pressure amplification in anisotropic metamaterials[J]. Nature Communications, 2014, 5: 5247.

[86] SONG G Y, HUANG B, DONG H Y, et al. Broadband focusing acoustic lens based on fractal metamaterials[J]. Scientific Reports, 2016, 6: 35929.

[87] KAINA N, LEMOULT F, FINK M, et al. Negative refractive index and acoustic superlens from multiple scattering in single negative metamaterial[J]. Nature, 2015,525(7567): 77-81.

[88] ZHU J, CHRISTENSEN J, JUNG J, et al. A holey-structured metamaterial for acoustic deep-subwavelength imaging[J]. Nature Physics, 2011, 7(1): 52-55.

[89] JIA H, KE M Z, HAO R, et al. Subwavelength imaging by a simple planar acoustic superlens[J]. Applied Physics Letters, 2010, 97(17): 173507.

[90] CHEN H Y, CHAN C T, SHENG P. Transformation optics and metamaterials[J]. Nature Materials, 2010, 9(5): 387-396.

[91] CHEN H Y, CHAN C T. Acoustic cloaking in three dimensions using acoustic metamaterials[J]. Applied Physics Letters, 2007, 91(18): 183518.

[92] CHENG Y, YANG F, XU J Y, et al. A multilayer structured acoustic cloak with homogeneous isotropic materials[J]. Applied Physics Letters, 2008, 92(15): 151913.

[93] ZHU X F, LIANG B, KAN W W, et al. Acoustic cloaking by a superlens with single-negative materials[J]. Physical Review Letters, 2011, 106(1): 014301.

[94] ZHANG S, XIA C, FANG N. Broadband acoustic cloak for ultrasound wave[J]. Physical Review Letters, 2011, 106(2): 024301.

[95] POPA B I, ZIGONEANU L, CUMMER S A. Experimental acoustic ground cloak in air[J]. Physical Review Letters, 2011,106(25): 253901.

[96] ZIGONEANU L, POPA B I, CUMMER S A. Three-dimensional broadband omnidirectional acoustic ground cloak[J]. Nature Materials, 2014, 13(4): 352-355.

[97] BI Y F, JIA H, LU W J, et al. Design and demonstration of an underwater acoustic carpet cloak[J]. Scientific Reports, 2017, 7: 705.

[98] BI Y F, JIA H, SUN Z Y, et al. Experimental demonstration of three-dimensional broadband underwater acoustic carpet cloak[J]. Applied Physics Letters, 2018, 112(22): 223502.

[99] GARCÍA-CHOCANO V M, SANCHIS L, DÍAZ-RUBIO A, J, et al. Acoustic cloak for airborne sound by inverse design[J]. Applied Physics Letters, 2011, 99(7): 074102.

[100] GUILD M D, ALÙ A, HABERMAN M R. Cancellation

of acoustic scattering from an elastic sphere[J]. Journal of the Acoustical Society of America, 2011, 129(3): 1355-1365.

[101] SANCHIS L, GARCÍA-CHOCANO V M, LLOPIS-PONTIVEROS R, et al. Three-dimensional axisymmetric cloak based on the cancellation of acoustic scattering from a sphere[J]. Physical Review Letters, 2013, 110(12): 124301.

[102] LI R Q, ZHU X F, LIANG B, et al. A broadband acoustic omnidirectional absorber comprising positive-index materials[J]. Applied Physics Letters, 2011, 99(19): 193507.

[103] CLIMENTE A, TORRENT D, SÁNCHEZ-DEHESA J. Omnidirectional broadband acoustic absorber based on metamaterials[J]. Applied Physics Letters, 2012, 100(14):144103.

[104] NAIFY C J, MARTIN T P, LAYMAN C N, et al. Underwater acoustic omnidirectional absorber[J]. Applied Physics Letters, 2014, 104(7): 073505.

[105] ZHU R R, MA C, ZHENG B, et al. Bifunctional acoustic metamaterial lens designed with coordinate transformation[J]. Applied Physics Letters, 2017, 110(11): 113503.

[106] CHEN X, GRZEGORCZYK T M, WU B I, et al. Robust method to retrieve the constitutive effective parameters of metamaterials[J]. Physical Review E, 2004, 70(1): 016608.

[107] MENZEL C, ROCKSTUHL C, PAUL T, et al. Retrieving effective parameters for metamaterials at oblique incidence[J]. Physical Review B, 2008, 77(19):195328.

[108] KUSHWAHA M S, HALEVI P, DOBRZYNSKI L, et al. Acoustic band-structure of periodic elastic composites[J]. Physical Review Letters, 1993, 71(13): 2022-2025.

[109] ECONOMOU E N, SIGALAS M M. Classical wave propagation in periodic structures: Cermet versus network topology[J]. Physical Review B, 1993, 48(18): 13434.

[110] LIU Z Y, CHAN C T, SHENG P, et al. Elastic wave scattering by periodic structures of spherical objects: Theory and experiment[J]. Physical Review B, 2000, 62(4): 2446-2457.

[111] PSAROBAS I E, STEFANOU N, MODINOS A. Scattering of elastic waves by periodic arrays of spherical bodies[J]. Physical Review B, 2000, 62(1): 278-291.

[112] SAINIDOU R, STEFANOU N, PSAROBAS I E, et al. Scattering of elastic waves by a periodic monolayer of spheres[J]. Physical Review B, 2002, 66(2): 024303.

[113] SIGALAS M M, GARCIA N. Theoretical study of three

dimensional elastic band gaps with the finite-difference time-domain method[J]. Journal of Applied Physics, 2000, 87(6): 3122-3125.

[114] GARCIA-PABLOS D, SIGALAS M, MONTERO DE ESPINOSA F R, et al. Theory and experiments on elastic band gaps[J]. Physical Review Letters, 2000, 84(19): 4349-4352.

[115] LOWE M J S. Matrix technique for modeling ultrasonic waves in multilayered media[J]. IEEE Transaction on Ultrasonic Ferroelectrics and Frequency Control, 1995, 42: 525-545.

[116] GUENNEAU S, MOVCHAN A, PETURSSON G, et al. Acoustic metamaterials for sound focusing and confinement[J]. New Journal of Physics, 2007, 9: 399.

[117] GU Y W, LUO X D, MA H R. Low frequency elastic wave propagation in two dimensional locally resonant phononic crystal with asymmetric resonator[J]. Journal of Applied Physics, 2009, 105(4): 044903.

[118] WU L Y, CHEN L W. Wave propagation in a 2D sonic crystal with a Helmholtz resonant defect[J]. Journal of Physics D: Applied Physics, 2010, 43(5): 055401.

[119] YU D L, LIU Y Z, WANG G, et al. Low frequency torsional vibration gaps in the shaft with locally resonant structures[J]. Physics Letters A, 2006, 348(3-6): 410-415.

[120] FOKIN V, AMBATI M, SUN C, et al. Method for retrieving effective properties of locally resonant acoustic metamaterials[J]. Physical Review B, 2007, 76(14): 144302.

[121] YU N, GENEVET P, KATS M A, et al. Light propagation with phase discontinuities: generalized laws of reflection and refraction[J]. Science, 2011, 334(6054): 333-337.

[122] ZHANG J, MEI Z L, ZHANG W R, et al. An ultrathin directional carpet cloak based on generalized Snell’s law[J]. Applied Physics Letters, 2013, 103(15): 151115.

[123] NI X J, WONG Z J, MREJEN M, et al. An ultrathin invisibility skin cloak for visible light[J]. Science, 2015, 349(6254): 1310-1314.

[124] NI X, KILDISHEV A V, SHALAEV V M. Metasurface holograms for visible light[J]. Nature Communications, 2013, 4: 2807.

[125] ZHENG G, MUEHLENBERND H, KENNEY M, et al. Metasurface holograms reaching 80% effiency[J]. Nature Nanotechnology, 2015, 10(4): 308-312.

[126] PORS A, NIELSEN M G, ERIKSEN R L, et al. Broadband focusing flat mirrors based on plasmonic gradient metasurfaces[J]. Nano Letters, 2013, 13(2): 829-834.

[127] LIANG B, CHENG J C, QIU C W. Wavefront manipulation by acoustic metasurfaces: from physics and

applications[J]. Nanophotonics, 2018, 7(6): 1191-1205.

[128] LI Y, JIANG X, LI R Q, et al. Experimental Realization of Full Control of Reflected Waves with Subwavelength Acoustic Metasurfaces[J]. Physical Review Applied, 2014, 2(6): 064002.

[129] TANG K, QIU C Y, KE M Z, et al. Anomalous refraction of airborne sound throughultrathin metasurfaces[J]. Scientific Reports, 2014, 4: 6517.

[130] MA G, YANG M, XIAO S, et al. Acoustic metasurface with hybrid resonances[J]. Nature Materials, 2014, 13(9): 873-878.

[131] LI Y, ASSOUAR B M. Acoustic metasurface-based perfect absorber with deep subwavelength thickness[J]. Applied Physics Letters, 2016, 108(6): 063502.

[132] YANG Y H, WANG H P, YU F X, et al. A metasurface carpet cloak for electromagnetic, acoustic and water waves[J]. Scientific Reports, 2016, 6: 20219.

[133] ESFAHLANI H, KARKAR S, LISSEK H, et al. Acoustic carpet cloak based on an ultrathin metasurface[J]. Physical Review B, 2016, 94(1): 014302.

[134] FAURE C, RICHOUX O, FELIX S, et al. Experiments on metasurface carpet cloaking for audible acoustics[J]. Applied Physics Letters, 2016, 108(6): 064103.

[135] ZHAO J J, LI B W, CHEN Z N, et al. Redirection of sound waves using acoustic metasurface[J]. Applied Physics Letters, 2013, 103(15): 151604.

[136] LI Y, LIANG B, GU Z M, et al. Reflected wavefront manipulation based on ultrathin planar acoustic metasurface[J]. Scientific Reports, 2013, 3: 2546.

[137] ZHU Y F, ZOU X Y, LI R Q, et al. Dispersionless manipulation of reflected acoustic wavefront by subwavelength corrugated surface[J]. Scientific Repots, 2015, 5: 10966.

[138] WANG X, MAO D X, LI Y. Broadband acoustic skin cloak based on spiral metasurfaces[J]. Scientific Reports, 2017, 7: 11604.

[139] FAN X D, ZHU Y F, LIANG B, et al. Broadband convergence of acoustic energy with binary reflected phases on planar surface[J]. Applied Physics Letters, 2016, 109(24): 243501.

[140] ZHU Y F, HU J, FAN X D, et al. Fine manipulation of sound via lossy metamaterials with independent and arbitrary reflection amplitude and phase[J]. Nature Communications, 2018, 9: 1632.

[141] XIE Y, WANG W, CHEN H, et al. Wavefront modulation and subwavelength diffractive acoustics with an acoustic metasurface[J]. Nature Communications, 2014, 5: 5553.

[142] JUN M, YING W. Controllable transmission and total reflection through an impedance-matched acoustic metasurface[J]. New Journal of Physics, 2014, 16(12): 123007.

[143] CHENG Y, ZHOU C, YUAN B G, et al. Ultra-sparse metasurface for high reflection of low-frequency sound based on artificial Mie resonances[J]. Nature Materials, 2015, 14(10): 1013-1019.

[144] LI Y, JIANG X, LIANG B, et al. Metascreen-Based Acoustic Passive Phased Array[J]. Physical Review Applied, 2015, 4(2): 024003.

[145] TIAN Y, WEI Q, CHENG Q, et al. Broadband manipulation of acoustic wavefronts by pentamode metasurface[J]. Applied Physics Letters, 2015, 107(22): 221906.

[146] XIE Y B, SHEN C, WANG W Q, et al. Acoustic Holographic Rendering with Two-dimensional Metamaterial-based Passive Phased Array[J]. Scientific Reports, 2016, 6: 35437.

[147] SHEN C, XIE Y B, LI J F, et al. Asymmetric acoustic transmission through near-zero index and gradient-index metasurface[J]. Applied Physics Letters, 2016, 108(22): 223502.

[148] JIANG X, LI Y, LIANG B, et al. Convert Acoustic Resonances to Orbital Angular Momentum[J]. Physical Review Letters, 2016, 117(3): 034301.

[149] LI Y, SHENG C, XIE Y B, et al. Tunable Asymmetric Transmission via Lossy Acoustic Metasurfaces[J]. Physical Review Letters, 2017, 119(3): 035501.

[150] ZUO S Y, WEI Q, CHENG Y, et al. Mathematical operations for acoustic signals based on layered labyrinthine metasurfaces[J]. Applied Physics Letters, 2017, 110(1): 011904.

[151] ZHANG H L, ZHU Y F, LIANG B, et al. Omnidirectional ventilated acoustic barrier[J]. Applied Physics Letters, 2017, 111(20): 203502.

[152] MEI J, MA G C, YANG M, et al. Dark acoustic metamaterials as super absorbers for low-frequency sound[J]. Nature Communications, 2012, 3:756.

[153] CAI X B, GUO Q Q, HU G K, et al. Ultrathin low-frequency sound absorbing panels based on coplanar spiral tubes or coplanar Helmholtz resonators[J]. Applied Physics Letters, 2014, 105(12): 121901.

[154] JIANG X, LIANG B, LI R Q, et al. Ultra-broadband absorption by acoustic metamaterials[J]. Applied Physics Letters, 2014, 105(24): 243505.

[155] YANG M, CHEN S Y, FUAB C X, et al. Optimal sound-absorbing structures[J]. Materials Horizons, 2017, 4(4): 673-680.

[156] CHONG Y D, GE L, CAO H, et al. Coherent perfect absorbers: time-reversed lasers[J]. Physical Review Letters, 2010, 105(5): 053901.

[157] BLIOKH K Y, BLIOKH Y P, FREILIKHER V, et al. Colloquium: Unusual resonators: plasmonics, metamaterials, and random media[J]. Reviews of Modern Physics, 2008, 80(4): 1201-1213.

[158] WEI P J, CROËNNE C, CHU S T, et al. Symmetrical and anti-symmetrical coherent perfect absorption for acoustic waves[J]. Applied Physics Letters, 2014, 104(12): 121902.

[159] YANG M, MA G C, YANG Z Y, et al. Subwavelength perfect acoustic absorption in membrane-type metamaterials: a geometric perspective[J]. EPJ Applied Metamaterials, 2015, 2: 10.

[160] MENG C, ZHANG X N, TANG S T, et al. Acoustic coherent perfect absorbers as sensitive null detectors[J]. Scientific Reports, 2017, 7: 43574.

[161] SONG J Z, BAI P, HANG Z H, et al. Acoustic coherent perfect absorbers[J]. New Journal of Physics, 2014, 16: 033026.

[162] MANGULIS V. Kramers-Kronig or dispersion relations in acoustics[J]. Journal of the Acoustical Society of America, 1964, 36: 211-212.

[163] BAZ A. Active acoustic metamaterials[J]. Journal of the Acoustical Society of America, 2010, 128: 2428.

[164] AKL W, BAZ A. Analysis and experimental demonstration of an active acoustic metamaterial cell[J]. Journal of Applied Physics, 2012, 111(4): 044505.

[165] POPA B I, ZIGONEANU L, CUMMER S A. Tunable active acoustic metamaterials[J]. Physical Review B, 2013, 88(2): 024303.

[166] POPA B I, SHINDE D, KONNEKER A, et al. Active acoustic metamaterials reconfigurable in real-time[J]. Physical Review B, 2015, 91(22): 220303.

[167] CHEN X, XU X, AI S, et al. Active acoustic metamaterials with tunable effective mass density by gradient magnetic fields[J]. Applied Physics Letters, 2014, 105(7): 071913.

[168] WILLATZEN M, CHRISTENSEN J. Acoustic gain in piezoelectric semiconductors at epsilon-near-zero response[J]. Physical Review B, 2014, 89(4): 041201.

[169] CASADEI F, DELPERO T, BERGAMINI A, et al. Piezoelectric resonator arrays for tunable acoustic waveguides and metamaterials[J]. Journal of Applied Physics, 2012, 112(6): 064902.

[170] BERGAMINI A, DELPERO T, SIMONI L D, et al. Phononic crystal with adaptive connectivity[J]. Advanced Materials, 2014, 26(9): 1343-1347.

[171] XIAO S, MA G, LI Y, et al. Active control of membrane-type acoustic metamaterial by electric field[J]. Applied Physics Letters, 2015, 106(9): 091904.

[172] BENDER C M, BOETTCHER S. Real spectra in non-Hermitian Hamiltonians having PT symmetry[J]. Physical Review Letters, 1998, 80: 5243.

[173] FENG L, XU Y L, FEGADOLLI W S, et al. Experimental demonstration of a unidirectional reflectionless parity-time metamaterial at optical frequencies[J]. Nature Materials, 2012, 12(2): 108-113.

[174] LONGHI S. PT-symmetric laser absorber[J]. Physical Review A, 2010, 82(3): 031801.

[175] CHONG Y D, GE L, STONE A D. PT-symmetry breaking and laser-absorber modes in optical scattering systems[J]. Physical Review Letters, 2011, 106(9): 093902.

[176] FENG L, WONG Z J, MA R M, et al. Single-mode laser by parity-time symmetry breaking[J]. Science, 2014, 346(6212): 972-975.

[177] SOUNAS D L, FLEURY R, ALÙ A. Unidirectional Cloaking Based on Metasurfaces with Balanced Loss and Gain[J]. Physical Review Applied, 2011, 4(1): 014005.

[178] RAMEZANI H, CHRISTODOULIDES D N, KOVANIS V, et al. PT-Symmetric Talbot Effects[J]. Physical Review Letters, 2012, 109(3): 033902.

[179] ZHU X F, RAMEZANI H, SHI C Z, et al. PT-symmetric acoustics[J]. Physical Review X, 2014, 4(3): 031042.

[180] FLEURY R, SOUNAS D L, ALÙ A. An invisible acoustic sensor based on parity-time symmetry[J]. Nature Communications, 2015, 6: 5905.

[181] SHI C Z, DUBOIS M, CHEN Y, et al. Accessing the exceptional points of parity-time symmetric acoustics[J]. Nature Communications,2016, 7: 11110.

[182] CHRISTENSEN J, WILLATZEN M, VELASCO V R, et al. Parity-time synthetic phononic media[J]. Physical Review Letters, 2016, 116(20): 207601.

[183] AUREGAN Y, PAGNEUX V. PT-symmetric scattering in flow duct acoustics[J]. Physical Review Letters, 2017, 118(17): 174301.

[184] LIU T, ZHU X F, CHEN F, et al. Unidirectional Wave Vector Manipulation in Two- Dimensional Space with an All Passive Acoustic Parity-Time-Symmetric Metamaterials Crystal[J]. Physical Review Letters, 2018, 120(12): 124502.

[185] WANG X, FANG X S, MAO D X, et al. Extremely

asymmetrical acoustic metasurface mirror at the exceptional point[J]. Physical Review Letters, 2019, 123(21): 214302.

[186] LAN J, WANG L W, ZHANG X W, et al. Acoustic Multifunctional Logic Gates and Amplifier Based on Passive Parity-Time Symmetry[J]. Physical Review Applied, 2020, 13(3): 034047.

[187] CHENG Y, ZHOU C, WEI Q, et al. Acoustic subwavelength imaging of subsurface objects with acoustic resonant metalens[J]. Applied Physics Letters, 2013, 103(22): 224104.

[188] TSAKMAKIDIS K L, BOARDMAN A D, HESS O. 'Trapped rainbow' storage of light in metamaterials[J]. Nature, 2007, 450(7168): 397-401.

[189] ZHU J, CHEN Y Y, ZHU X F, et al. Acoustic rainbow trapping[J]. Scientific Reports, 2013, 3: 1728.

[190] LIANG B, YUAN B, CHENG J C. Acoustic Diode Rectification of Acoustic Energy Flux in One-Dimensional Systems[J]. Physical Review Letters, 2009, 103(10): 104301.

[191] BOECHLER N, THEOCHARIS G, DARAIO C. Bifurcation-based acoustic switching and rectification[J]. Nature Materials, 2011, 10(9): 665-668.

[192] LIU C, DU Z, SUN Z, et al. Frequency-Preserved Acoustic Diode Model with High Forward-Power-Transmission Rate[J]. Physical Review Applied, 2015, 3(6): 064014.

[193] MAKRIS K G, EL-GANAINY R, CHRISTODOULIDES D N, et al. Beam dynamics in PT symmetric optical lattices[J]. Physical Review Letters, 2008, 100(10): 103904.

[194] RÜTER C E, MAKRIS K G, EL-GANAINY R, et al. Observation of parity-time symmetry in optics[J]. Nature Physics, 2010, 6(3): 192-195.

[195] FU Y Y, XU Y D, CHEN H Y. Zero index metamaterials with PT symmetry in a waveguide system[J]. Optics Express, 2016, 24(2): 1648-1657.

[196] ZHU W W , FANG X S, LI D T, et al. Simultaneous Observation of a Topological Edge State and Exceptional Point in an Open and Non- Hermitian Acoustic System[J]. Physical Review Letters, 2018, 121(12): 124501.

[197] GE L, CHONG Y D, STONE A D. Conservation relations and anisotropic transmission resonances in one-dimensional PT-symmetric photonic heterostructures[J]. Physical Review A, 2012, 85(2): 023802.

[198] ZHU Y F, ZOU X Y, LIANG B, et al. Broadband unidirectional transmission of sound in unblocked channel[J]. Applied Physics Letters, 2015, 106(17): 173508.

[199] DUBOIS M, SHI C Z, WANG Y, et al. A thin and conformal metasurface for illusion acoustics of rapidly changing profiles[J]. Applied Physics Letters, 2017, 110(15): 151902.

[200] ZHU Y F, FAN X D, LIANG B, et al. Multi-frequency acoustic metasurface for extraordinary reflection and sound focusing[J]. AIP Advances, 2016, 6(12): 121702.

[201] ZHAI S L, CHENG H J, DING C L, et al. Ultrathin skin cloaks with metasurfaces for audible sound[J]. Journal of Physics D: Applied Physics, 2016, 49(22): 225302.

[202] WEI Q，CHNEG Y，LIU X J. Acoustic total transmission and total reflection in zero-index metamaterials with defects[J]. Applied Physics Letters, 2013, 102(17): 174104.

[203] WANG Z Y，YANG F，LIU L B，et al. Total transmission and total reflection of acoustic wave by zero index metamaterials loaded with general solid defects[J]. Journal of Applied Physics, 2013, 114(19): 194502.

[204] FLEURY R，Alù A. Extraordinary sound transmission through density-near-zero ultranarrow channels[J]. Physical Review Letters, 2013, 111(5): 055501.

[205] HARRIS S E. Electromagnetically induced transparency[J].Physics Today ,1997,50(7): 36.

[206] ZHANG S,GENOV D A,WANG Y, et al. Plasmon-induced transparency in metamaterials[J].Physical review letters,2008,101(4):218-221.

[207] LI Y, LIANG B, GU Z M, et al. Unidirectional acoustic transmission

through a prism with near-zero refractive index[J]. Applied Physics Letters, 2013, 103(5): 053505.

[208] PARK J J, LEE K J B, WRIGHT O B, et al. Giant Acoustic Concentration by Extraordinary Transmission in Zero-Mass Metamaterials[J]. Physical Review Letters, 2013, 110(24): 244302.

[209] GU Y, CHENG Y, LIU X J. Acoustic planar hyperlens based on anisotropic density-near-zero metamaterials[J]. Applied Physics Letters, 2015, 107(13): 133503.

[210] WEI Q, CHENG Y, LIU X J. Acoustic total transmission and total reflflection in zero-index metamaterials with defects[J]. Applied Physics Letters, 2013, 102(17): 174104.

[211] LIANG B, GUO X S, TU J, et al. An acoustic rectifier[J]. Nature Materials, 2010, 9(12): 989-992.

[212] ZHAO J, LI B, CHEN Z N, et al. Redirection of sound waves using acoustic metasurface[J]. Applied Physics Letters, 2013, 103(15): 151604.

[213] WANG X P, WAN L L, CHEN T N, et al. Broadband acoustic diode by using two structured impedance-matched acoustic metasurfaces[J]. Applied Physics Letters, 2016,109(4): 044102.

[214] JIANG X, LIANG B, ZOU X Y, et al. Acoustic one-way metasurfaces: Asymmetric Phase Modulation of Sound by Subwavelength Layer[J]. Scientific Reports, 2016, 6: 28023.

[215] YU N F, GENEVET P, KATS M A, et al. Light Propagation with Phase Discontinuities: Generalized Laws of Reflflection and Refraction[J]. Science, 2011, 334(6054): 333–337.